300道
老火湯

黃遠燕 主編

萬里機構

300道老火湯

主編
黃遠燕

編輯
謝妙華

美術設計
王妙玲

版面設計
萬里機構製作部

出版者
萬里機構出版有限公司
香港北角英皇道499號北角工業大廈20樓
電話：2564 7511
傳真：2565 5539
網址：http://www.wanlibk.com
　　　http://www.facebook.com/wanlibk

發行者
香港聯合書刊物流有限公司
香港荃灣德士古道220-248號荃灣工業中心16樓
電話：2150 2100
傳真：2407 3062
電郵：info@suplogistics.com.hk

承印者
中華商務彩色印刷有限公司
香港新界大埔汀麗路36號

出版日期
二零一四年二月第一次印刷
二零二四年二月第十一次印刷

前言

　　湯膳在中國擁有悠久的歷史。走遍中國，各地在選材、煲製功夫上各有千秋，最正宗的湯品文化首推廣東地區的老火湯。廣東人所謂的老火湯，特指熬製時間長、火候足，既有藥補之效，入口又甘甜的鮮美湯水。傳統上是用瓦煲來煲，水開後放進湯料，煮沸，將火調小，慢慢熬製而成。另外，他們對炊具的使用也非常講究，多採用陶煲、砂鍋、瓦鍋為煲煮容器；沿用傳統的獨特烹調方法，既保留了食材的原始真味，湯汁也較為濃郁鮮香；滋補身體的同時，又有助於消化吸收。

　　老火湯的湯料品種繁多，可以是肉、蛋、海鮮、蔬菜、乾果、糧食、藥材等，不同的材料會有鹹、甜、酸、辣等不同的味道。廣東的老火湯種類繁多，有滾湯、煲湯、燉湯、煨湯、清湯等，可以熬、滾、煲、燴、燉。所謂的"三煲四燉"，就是煲湯需要3小時，燉湯需要4~6小時，才能原汁原味。廣東老火湯用料得當、火候拿捏非常精確，集藥補和食補於一身，不僅是調節人體陰陽平衡的養生湯，更是輔助治療恢復身體健康的藥膳湯。

　　到過廣東的人都知道，先上湯後上菜，是廣東人吃飯最普遍的順序。廣東人吃飯時湯必不可少，越是土生土長的廣東人家，越能喝到地道靚湯。走進本地人家，你會體味到濃香醇厚的住家滋味，品嘗到從自然的食材、藥材當中獲取營養精華的特色靚湯。你還會發現這裏的女子個個都能拿出煲湯絕活，她們會根據季節的變化、家庭成員的年齡和體質等，放入不同的食材及藥材，烹製出不同口味、不同功效的老火湯，對家庭成員進行保健、養身和調理。

　　本書中精選了三百餘道經典老火湯，詳細介紹了這些老火湯的選材、製作方法和訣竅，並根據食材不同的食療作用，分成了"四季健康老火湯"、"滋補養生老火湯"、"強身潤臟老火湯"、"美容養顏老火湯"四大部分。你可以根據個人口味與身體所需，按不同的功效選擇合適的湯品，依法炮製，煲出一煲鮮香四溢、療效顯著的正宗老火靚湯。

目録

Part 3 強身潤臟老火湯

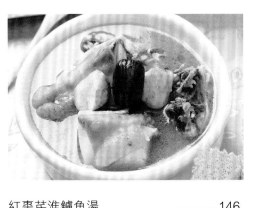

Part 4 美容養顏老火湯

圖標説明

 材料　　 製法　　 提示　　 功效

煲湯常識

煲湯訣竅

煲湯的基本操作程序

原料預處理
部分煲湯原料須進行如飛水、爆炒、滾和煎等處理。

投料
在煲內加入適量清水，加入主料和配料，加蓋點火。

調味
在湯煲好熄火之前，加入調料調味，熄火上席。

煲製
先用猛火加熱至湯沸，再改用慢火長時間加熱至原料軟爛滑口。

原料的加工處理方法

宰殺

　　家禽、水產等煲湯原料在使用之前都需要宰殺。家禽類原料需去除毛、內臟、淋巴、脂肪等；水產類原料需刮鱗、去鰓、取出內臟等。

煎

　　水產類原料在煲湯前一般都需經過煎的程序，即燒鍋下油，將原料兩面煎至金黃色的過程，主要目的是去除水產類湯料的腥味，使煲出來的湯清香奶白。

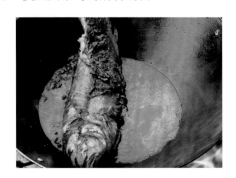

清洗

煲湯用的所有原材料在投入煲內之前均需清洗乾淨。蔬果類原材料的清洗方法較為簡單,只要去蒂、皮、瓤和雜質,清洗乾淨即可;有些煲湯原料的清洗過程比較複雜,如豬肺,要經過反覆多次的注水、擠壓,洗至血水消失,豬肺變白為宜;又如豬肚、豬腸及豬小肚等,因其帶有黏液和較重的異味,清洗的時候一定要下足工夫,可用花生油或鹽加少量生粉擦洗,反覆幾次後用清水清洗,以去除黏液和異味;乾貨類材料,一般需要浸泡一定時間後再清洗。

洗豬肚

洗豬肺

浸泡

煲湯所用的原料很大一部分是乾貨,如菜乾、冬菇、黃豆、黑豆、銀耳、蓮子、芡實、薏米、桂圓肉等,要使這些乾貨的有效成分易於析出,煲湯前必須進行浸泡。浸泡時間的長短,需根據不同原料而定。豆類、堅果及根莖類中藥材等原料需要浸泡較長時間,一般在 1 小時以上,如黃豆、黑豆、綠豆、冬菇、蓮子、芡實、淮山;乾菜類或花草類中藥材等原料的浸泡時間一般在 1 小時以內即可,如白菜乾、銀耳、海帶、夏枯草、菊花等。如想縮短原料的浸發時間,可根據原料的不同,使用溫水或開水浸泡。

飛水

肉類原料在煲湯前一般都需經過飛水的程序。那麼,什麼是飛水,又為什麼要飛水呢?飛水,即將原料放入沸水中,煮沸後即撈起,用冷水洗淨的過程,主要作用是去除原料的異味及血水,使煲出來的湯更加清甜味香。

煲湯器具的選擇與使用技巧

煲湯以選擇質地細膩的瓦煲作加熱器具為佳,這樣煲出來的湯會比其他器皿煲出來的湯味道好。煲製時應加上蓋,減少水分的蒸發;另一方面,陶器的傳熱性能較差,在加蓋慢火加熱的情況下,煲內熱量不容易散失,有利於鮮美湯水的形成。

把握煲湯用水量的技巧

煲法烹製成湯是以湯為主、湯料為輔的菜餚。煲湯時由於水分蒸發較多，因而煲湯的用水量可多些。一般來說，下料時固體原料與開水的比例以 1:2 至 2:5 較為適宜。也可以按照"要得到1碗湯，就要放2碗水煲"的方法來把握煲湯的用水量。

選擇煲湯材料的技巧

煲湯使用的原料不同，煲成湯水的質量與作用也不同。要根據不同的季節和氣候條件或個人喜好，選擇合適的原料煲湯。在夏秋兩季，天氣炎熱，鮮味和清潤的湯水比較適合人們的胃口，所以適宜選擇不肥不膩的肉料和清熱祛濕的乾果、瓜菜為原料；而在春冬兩季，正是人體進補調養的好時節，一般要煲些具有滋補作用且滋味濃郁的湯水，故可多選具有滋補作用、香味較濃郁的原料，如雞肉、羊肉、桂圓、紅棗等。

掌握煲湯火候的技巧

煲湯是一種較長時間加熱的烹調方法，火候與時間的掌握對煲出來湯水的質量有較大影響。一般先用猛火（武火）加熱至湯滾沸，然後改用慢火（文火），以較長時間加熱至原料軟爛，一般需要 2~3 小時。在加熱的過程中，原料中的部分成分溶解、分解或分散於湯中，從而形成鮮濃靚湯。

煲湯四忌

忌中途添加冷水

在煲湯的過程中，切忌開蓋添加冷水。這是因為正在加熱的肉類遇到冷水後收縮，蛋白質不易溶出，湯便失去了原有的鮮香味，影響湯的口感。

忌早放鹽

一般在湯煲好 5 分鐘前下鹽較為合適，因為過早放鹽會使肉中的蛋白質凝固，不易溶解，從而使湯色發暗、濃度不夠、外觀不美、口感不佳。

忌用猛火煲湯

煲製廣東老火湯，不可一直用猛火烹製，讓湯汁大滾大沸，影響湯料營養成分分解，也會使肉中的蛋白質分子運動激烈，使湯渾濁，影響口感。

忌過多放入蔥、薑、料酒等調料

煲湯時，忌過多放入蔥、薑、料酒等調料，以免影響湯汁本身的原汁原味。大多數北方人認為煲湯要加香料，諸如蔥、薑、大料之類。事實上，從廣東人煲湯的經驗來看，喝湯講究原汁原味。如果需要，一片薑足矣。

常用湯料介紹

蓮子

蓮子又稱蓮寶、蓮米、藕實，味甘澀，性平，入心、脾、腎經；具有補脾止瀉、益腎澀精、養心安神等功效，用於脾虛久瀉、遺精帶下、心悸失眠。蓮子芯味道極苦，卻有顯著的強心作用，能擴張外周血管，降低血壓；蓮子芯還有很好的祛心火的功效，可以治療口舌生瘡，並有助於睡眠。

芡實

芡實又稱芡實米、雞頭米，味甘澀，性平，無毒，入脾、腎經；具有固腎澀精、補脾止泄、利濕健中之功效，主治腰膝痹痛、遺精、淋濁、帶下、小便不禁、大便泄瀉等症。

沙參

沙參又稱知母、白沙參，味甘、微苦，性微寒，歸肺、胃經；具有清肺化痰、養陰潤燥、益胃生津的功效，主治陰虛發熱、肺燥乾咳、肺痿癆嗽、痰中帶血、喉痹咽痛、津傷口渴。

土茯苓

土茯苓又稱土苓、紅土苓，味甘、淡，性平，歸肝、胃、腎、脾經；具有解毒散結、祛風通絡、利濕泄濁之功效，主治梅毒、喉痹、癰疽惡瘡、瘰癧、癌瘤、筋骨攣痛、水腫、淋濁、泄瀉、腳氣、濕疹疥癬等。

薏米

薏米又稱薏仁、薏苡仁，味甘、淡，性微寒，歸脾、胃、肺經；有健脾利水、利濕除痹、清熱排膿之功效，可用於治療泄瀉、筋脈拘攣、屈伸不利、水腫、腳氣、腸癰、淋濁、白帶等症。

黨參

黨參又稱東黨、台黨、口黨、黃參，味甘，性平，歸脾、肺經；具有健脾補肺、益氣養血、生津止渴的功效，主治脾胃虛弱、食少便溏、倦怠乏力、肺虛喘咳、氣短懶言、自汗、血虛萎黃、口渴等。

紅棗

紅棗味甘，性平，入脾、胃經；具有補益脾胃、滋養陰血、養心安神、益智健腦、增強食慾的功效，主治脾胃虛弱、食少便溏、氣血虧損、體倦無力、面黃肌瘦、婦女血虛臟躁、精神不安等症。

雪蛤

雪蛤又稱雪蛤膏，味甘鹹，性平和；具有補腎益精、養陰潤肺的功效，對於身體虛弱、病後失調、神疲乏力、精神不足、心悸失眠、盜汗不止、癆嗽咯血等有特效。

玉竹

玉竹又稱玉參，味甘，性平，歸肺、胃經；具有潤肺滋陰、養胃生津之功效，主治燥熱咳嗽、內熱消渴、陰虛外感、寒熱鼻塞、頭目昏眩、筋脈攣痛等。

陳皮

陳皮又稱橘皮、廣陳皮，味辛、苦，性溫，歸脾、胃、肺經；具有理氣和中、燥濕化痰、利水通便的功效，主治脾胃不和，不思飲食，嘔吐噦逆，咳嗽痰多，胸膈滿悶，頭暈目眩等。

人參

人參又稱山參、園參、黃參、玉精，味甘、微苦，性微溫，歸脾、肺、心、腎經；具有補氣固脫、健脾益肺、寧心益智、養血生津的功效，主治大病、久病、失血、脫水所致元氣欲脫，神疲脈微、脾氣不足之食少倦怠、嘔吐泄瀉，肺氣虛弱之氣短喘促、咳嗽無力，心氣虛衰之失眠多夢、驚悸健忘、體虛多汗，津虧之口渴、消渴，血虛之萎黃、眩暈，腎虛之陽痿、尿頻、氣虛外感等。

桂圓肉

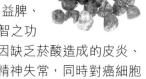

桂圓肉又稱龍眼肉，味甘，性溫；具有開胃益脾、養血安神、補虛長智之功效，可治療貧血和因缺乏菸酸造成的皮炎、腹瀉、痴呆，甚至精神失常，同時對癌細胞有一定的抑制作用。

南杏仁

南杏仁又稱甜杏仁，味甘，性平，無毒，入肺、大腸經，具有潤肺養顏、止咳祛痰、潤腸通便等功效，主治虛勞咳喘、腸燥便秘等。

燕窩_____

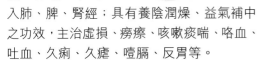

燕窩又稱燕菜、燕根，味甘，性平，入肺、脾、腎經；具有養陰潤燥、益氣補中之功效，主治虛損、癆瘵、咳嗽痰喘、咯血、吐血、久痢、久瘧、噎膈、反胃等。

西洋參_____

西洋參又稱花旗參、西洋人參、洋參，味甘、微苦，性涼，歸心、肺、腎經；具有益氣生津、養陰清熱、增強免疫力、鎮靜等功效，用於熱病傷津耗氣、陰虛內熱等症。

無花果_____

無花果又稱天生子、文仙果，味甘，性平，無毒；具有健脾益肺、滋養潤腸、利咽消腫的功效，主治消化不良、不思飲食、陰虛咳嗽、乾咳無痰、咽喉痛等症。

太子參_____

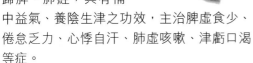

太子參又稱童參、孩兒參、四葉參、米參，味甘、微苦，性平，歸脾、肺經；具有補中益氣、養陰生津之功效，主治脾虛食少、倦怠乏力、心悸自汗、肺虛咳嗽、津虧口渴等症。

何首烏_____

何首烏又稱首烏、赤斂，味苦、甘澀，性微溫，歸肝、腎經；具有補肝腎、益精血、潤腸通便、祛風解毒的功效，主治肝腎精血不足、腰膝酸軟、遺精耳鳴、頭暈目眩、心悸失眠、鬚髮早白、脾燥便秘、皮膚瘙癢、脾性風、痔瘡等。

羅漢果

羅漢果又稱假苦瓜、拉漢果，味甘，性涼，歸肺、脾經；具有清肺利咽、化痰止咳、潤腸通便之功效，主治痰火咳嗽、咽喉腫痛、傷暑口渴、腸燥便秘。

菊花_____

菊花又稱懷菊花，味甘、微苦，性微寒，歸肺、肝經；具有疏散風熱、清肝明目、清熱解毒的功效，主治外感風熱或溫病初起、發熱、頭痛、眩暈、目赤腫痛、疔瘡腫毒。菊花性涼，氣虛胃寒、食少泄瀉者慎服。

田七_____

田七又稱三七、金不換、三七參，味甘、微苦，性溫，歸肺、心、肝、大腸經；具有祛瘀止血、消腫止痛、降低膽固醇之功效，可用於治療跌打瘀腫疼痛、瘀血內阻所致的胸腹及關節疼痛，還能活血化瘀、消腫。

川貝

川貝又稱貝母、川貝母，味
苦、甘，性微寒，歸肺、心經；
具有清熱化痰、潤肺止咳、散結消腫的功效，
主治虛勞久咳、肺熱燥咳、瘰癧結核等。

雞骨草

雞骨草又稱黃頭草、黃仔強、大黃，味甘、
微苦，性涼，歸肝、膽、胃經；具有清熱利濕、
散瘀止痛的功效，主治黃疸型肝炎、小便刺
痛、胃脘痛、風濕骨節疼痛、跌打瘀血腫
痛等。

百合

百合又稱重邁、中庭，味
甘、微苦，性平，歸肺、心、
腎經；具有養陰潤肺、清心
安神的功效，主治陰虛久咳、痰中帶血、咽
痛失音、虛煩驚悸、失眠多夢、精神恍惚等。

北杏仁

北杏仁又稱苦杏仁，
味苦、辛，性微溫，
有小毒，入脾、肺經；
具有宣肺止咳、降氣平
喘、潤腸通便、殺蟲解毒等功效，主治咳嗽、
喘促胸悶、喉痹咽痛、腸燥便秘、蟲毒瘡
瘍等。

車前草

車前草又稱車輪菜、車前、當道，味甘、性
寒，歸腎、膀胱、肝經；具有清熱利尿、涼
血解毒的功效，主治熱結膀胱、小便不利、
淋濁帶下、水腫黃疸、瀉痢、肺熱咳嗽、肝
熱目赤、咽痛等。

白果

白果又稱銀杏，性平、
味甘、苦澀，有小毒。
白果熟食用以佐膳、煮粥、
煲湯或製作夏季清涼飲料等，可潤
肺、定喘，寒熱皆宜，主治哮喘、痰嗽、白
帶、白濁、遺精、淋病、小便頻數等症。

生地黃____

生地黃又稱乾地黃、原生地、乾生地，味甘、苦，性微寒，歸心、肝、腎經；具有清熱養陰、生津涼血之功效，主治溫熱病之高熱、口渴、出血等症。

杜仲_____

杜仲又稱扯絲皮、絲棉皮、思仙、思仲，味甘、微辛，性溫，歸肝、腎經；具有補肝腎、強筋骨、安胎的功效，主治腰膝酸痛、陽痿、遺精、尿頻、小便餘瀝、風濕痹痛、胎動不安、漏胎小產等。

阿膠_____

阿膠又稱驢皮膠、傅致膠、盆覆膠，味甘，性平，歸肺、心、肝、腎經；具有補血、止血、滋陰潤燥的功效，主治血虛萎黃、眩暈心悸、虛勞咯血、衄血、吐血、便血、尿血、血痢、肺虛燥咳、虛煩失眠等。

黃精_____

黃精又稱老虎薑、白及、兔竹，味甘，性平，歸脾、肺、腎經；具有健脾益氣、滋腎填精、潤肺養陰的功效，主治陰虛勞嗽、肺燥乾咳、脾虛食少、倦怠乏力、口乾消渴、腎虧腰膝酸軟、陽痿遺精、耳鳴目暗、鬚髮早白等。

白茅根_____

白茅根又稱茅根、蘭根、茹根，味甘，性寒，歸心、肺、胃、膀胱經；具有涼血止血、清熱生津、利尿通淋的功效，主治血熱吐血、衄血、咯血、尿血、崩漏、紫癜、熱病煩渴、胃熱嘔逆、肺熱喘咳、小便淋漓澀痛等。

金銀花_____

金銀花又稱銀花、雙花、金花，味甘、微苦，性寒，歸肺、心、胃經；具有清熱透表、解毒利咽、涼血止痢之功效，主治溫熱表證、發熱煩渴、喉痹咽痛、熱毒血痢等。

川芎

川芎又稱香果、雀腦芎、京芎、貫芎，味辛，性溫，歸肝、膽、心經；具有活血行氣、祛風止痛的功效，主治月經不調、痛經、經閉、產後惡露腹痛、腫塊、胸脅疼痛、跌打損傷腫痛、頭痛眩暈、風寒濕痹、肢體麻木等。

柏子仁

柏子仁又稱柏實、柏子、柏仁、側柏子，味甘，性平，歸心、腎、大腸經；具有養心安神、潤腸通便的功效，主治驚悸怔忡、失眠健忘、自汗盜汗、遺精、腸燥便秘等。

天麻

天麻又稱定風草、赤箭、明天麻，味甘、辛，性平，歸肝經；具有平肝熄風、祛風止痛之功效，用於風痰引起的眩暈、偏正頭痛、肢體麻木、半身不遂等症。

當歸

當歸又稱乾歸、秦歸、馬尾歸，味甘、辛、微苦，性溫，歸肝、心、脾經；具有補血、活血、調經止痛、潤腸通便的功效，主治血虛、血瘀諸症、眩暈頭痛、心悸肢麻、月經不調、經閉、痛經、虛寒腹痛、赤痢後重、腸燥便難、跌打腫痛等。

夏枯草

夏枯草又稱鐵色草、大頭花、夏枯頭，味苦、辛，性寒，歸肝、膽經；具有清肝瀉火、消腫解毒之功效，主治頭痛眩暈、煩熱耳鳴、目赤畏光、目珠疼痛、脅肋脹痛、肝炎等。

巴戟天

巴戟天又稱雞腸風、巴戟、巴吉天、戟天，味辛、甘，性微溫，歸肝、腎經；具有補腎陽、強筋骨、祛風濕的功效，主治腎虛陽痿、遺精滑泄、少腹冷痛、遺尿失禁、宮寒不孕、腰膝酸痛、風寒濕痹、風濕腳氣等。

玄參

玄參又稱元參、烏元參、黑參，味苦、甘、鹹，性微寒，歸肺、胃、腎經；具有清熱涼血、養陰生津、瀉火解毒、軟堅散結等功效，用於熱病傷津的口燥咽乾、大便燥結、消渴等病症。

淮山

淮山又稱山藥，味甘、性平，入肺、脾、腎經；具有健脾補肺、益胃補腎、聰耳明目、助五臟、強筋骨、長志安神、延年益壽的功效，主治脾胃虛弱、倦怠無力、食慾缺乏、肺氣虛燥、痰喘咳嗽、腎氣虧耗、遺精早泄、帶下白濁等症。

丹參

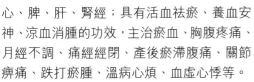

丹參又稱郤蟬草、赤參、木羊乳，味苦、微辛，性微寒，歸心、脾、肝、腎經；具有活血祛瘀、養血安神、涼血消腫的功效，主治瘀血、胸腹疼痛、月經不調、痛經經閉、產後瘀滯腹痛、關節痹痛、跌打瘀腫、溫病心煩、血虛心悸等。

熟地黃

熟地黃又稱熟地，味甘，性微溫，歸肝、腎經；具有補血滋陰、益精填髓、強心、利尿、降血糖、增強免疫力等功效，主治肝腎陰虛、腰膝酸軟、盜汗遺精、內熱消渴、血虛萎黃、心悸怔忡、月經不調、眩暈耳鳴、鬚髮早白等症。

桑寄生

桑寄生又稱寄生、桑上寄生、寓木，味苦、甘，性平，歸肝、腎經；具有補肝腎、強筋骨、祛風濕、養血安胎等功效，用於肝腎不足、血虛失養的關節不利、筋骨痿軟、腰膝酸痛等症。本品還能養血安胎氣，補腎固胎元，用於血虛胎動不安。

白芷

白芷又稱芳香、澤芬、香白芷，味辛，性溫，歸肺、胃、大腸經；具有祛風解表、散寒止痛、除濕通竅、消腫排膿的功效，主治風寒感冒、頭痛、眉棱骨痛、齒痛、目癢淚出、鼻塞、鼻淵、濕盛久瀉、腸風痔漏、赤白帶下、毒蛇咬傷等。

黃芪

黃芪又稱王孫、黃蓍，味甘，性微溫，歸脾、肺經；具有補氣升陽、固表止汗、行水消腫、托毒生肌的功效，可治療內傷勞倦、神疲乏力、脾虛泄瀉、肺虛喘嗽、胃虛下垂、久泄脫肛、表虛自汗、盜汗、水腫、血蓋、癰疽難潰或潰久不斂等。

枸杞子＿＿＿

枸杞子又稱甘杞、貢杞，味甘，性平，歸肝、腎、肺經；具有補腎益精、養肝明目、潤肺生津、延年益壽之功效，主治肝腎虧虛、腰膝酸軟、陽痿遺精、頭暈目眩、視物不清、虛勞咳嗽、消渴等症。

麥冬＿＿＿＿

麥冬又稱麥門冬，味甘，微苦，性微寒，歸肺、胃、心經；具有滋陰潤肺、益胃生津、清心除煩等功效，主治肺燥乾咳、陰虛勞嗽、肺癰、咽喉疼痛、津傷口渴、內熱消渴、腸燥便秘、心煩失眠、血熱吐衄等。

蜜棗＿＿＿＿

蜜棗是用鮮棗加工而成的一種蜜餞，色澤金黃如琥珀，切割後縷紋如金絲，光艷透明，肉厚核小，保留天然棗香。蜜棗味甘，性平，入脾、胃經，有補益脾胃、養心安神、滋養陰血、緩和藥性等功效。

靈芝＿＿＿＿＿

靈芝又稱靈芝草、木靈芝、菌靈芝，味甘苦，性平，歸心、肺、肝、脾經；具有養心安神、補肺益氣、滋肝健脾的功效，主治虛勞體弱、神疲乏力、心悸失眠、頭目昏暈、久咳氣喘、食少納呆等。

白朮＿＿＿＿

白朮又稱山薊、山精、乞力伽、吃力伽、冬白朮，味苦、甘，性溫，歸脾、胃經；具有健脾益氣、燥濕利水、固表止汗、安胎的功效，主治脾氣虛弱、食少腹脹、大便溏瀉、水腫、小便不利、濕痹酸痛、氣虛自汗、胎動不安等。

酸棗仁＿＿＿＿＿＿

酸棗仁又稱棗仁，味甘、微酸，性平，歸心、肝、膽經；具有養心安神、益陰斂汗、補肝寧心之功效，適於肝血不足、虛煩不眠及體虛多汗、津傷口渴等症。

山楂＿＿＿＿

山楂又稱紅果子、棠棣子，味酸、甘，性微溫，歸脾、胃、肝經；具有消食積、止瀉痢、行瘀滯的功效，主治肉食積滯、脘腹脹痛、泄瀉痢疾、產後瘀滯腹痛、痰瘀胸痹、眩暈、寒濕腰痛等。

Part 1

四季健康老火湯

木瓜瘦肉湯

 瘦肉450克，木瓜300克，薏米10克，玉竹15克，淮山15克，鹽適量。

① 瘦肉洗淨，切塊，飛水。
② 木瓜去皮，去核，洗淨，切塊；薏米、玉竹、淮山洗淨，浸泡1小時。
③ 將適量清水放入煲內，煮沸後加入以上材料，猛火煲滾後改用慢火煲1.5小時，加鹽調味即可。

 用於煲湯的木瓜多用產於南方的番木瓜，這種木瓜既可以生吃，也可作為蔬菜和肉類一起煲湯。

 此款湯水具有健脾利水、去濕除痹、祛暑滋潤、清利濕熱、潤腸通便之功效，特別適宜濕疹、屈伸不利、水腫、腳氣者飲用。

白菜瘦肉湯

白菜 800 克，豬瘦肉 400 克，蜜棗 30 克，鹽適量。

① 白菜、蜜棗洗淨。
② 豬瘦肉洗淨，切成片狀。
③ 將適量清水放入煲內，煮沸後加入以上材料，猛火煲滾後改用慢火煲 1.5 小時，加鹽調味即可。

白菜在腐爛的過程中會產生毒素，可使人體缺氧，嚴重者甚至有生命危險，所以腐爛的白菜一定不能食用。

此款湯水甘甜滋潤，具有清熱瀉火、潤肺止咳之功效，特別適宜熱氣兼有感冒、喉痛、咳嗽者飲用。

蘋果百合瘦肉湯

豬瘦肉 500 克，蘋果 300 克，百合 50 克，蜜棗 20 克，生薑 2 片，鹽適量。

① 豬瘦肉洗淨，切成厚片。
② 蘋果去皮、核，洗淨切塊；百合洗淨；蜜棗洗淨。
③ 把適量清水煮沸，放入以上所有材料煮沸後改文火煲 2 小時，加鹽調味即可。

缺鋅可使記憶力衰退，蘋果含有利於兒童生長發育的細纖維及增強記憶力的微量元素鋅，故使用蘋果煲湯，可健腦益智、增強記憶力。

此款湯水具有健腦益智、安神定志、健胃潤肺之功效，適宜失眠心煩、腦部疲勞、記憶力減退者飲用。

土茯苓煲脊骨湯

豬脊骨600克，生地黃60克，土茯苓60克，蜜棗20克，鹽適量。

① 蜜棗洗淨；生地黃、土茯苓洗淨後浸泡2小時。
② 豬脊骨洗淨，斬件，飛水。
③ 將適量清水放入煲內，煮沸後加入以上材料，猛火煲滾後改用慢火煲3小時，加鹽調味即可。

生地黃以塊大、體重、斷面烏黑色者為佳。

此款湯水具有清熱涼血、解毒利濕、祛風通絡、養陰生津之功效，適宜熱毒熾盛、濕熱蘊結、癰瘡腫毒、濕疹皮炎、皮膚瘙癢者飲用。

粉葛墨魚脊骨湯

豬脊骨750克，墨魚乾50克，粉葛500克，花生100克，蜜棗15克，鹽適量。

① 豬脊骨斬件，洗淨，飛水。
② 粉葛去皮，洗淨切塊；花生、墨魚乾浸泡，洗淨；蜜棗洗淨。
③ 將適量清水放入煲內，煮沸後加入以上材料，猛火煲滾後改用慢火煲3小時，加鹽調味即可。

粉葛為豆科植物野葛的根，系豆科葛屬多年生植物。春季種植冬季收穫，含生粉很多，常用於熬湯、做菜、提取生粉食用等。

此款湯水具有清熱消暑、開胃健脾、利水祛濕、生津止渴之功效，特別適宜煩悶口渴、食慾缺乏者飲用。

五指毛桃豬骨湯

豬骨600克，五指毛桃150克，冬菇30克，蜜棗20克，生薑2片，鹽適量。

① 豬骨洗淨斬件，飛水備用；薑略拍，洗淨待用。
② 五指毛桃、冬菇、蜜棗洗淨；老薑去皮，洗淨切片。
③ 將適量清水注入煲內煮沸，放入全部材料再次煮開後改慢火煲2小時，加鹽調味即可。

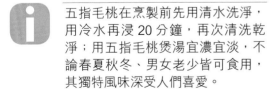
五指毛桃在烹製前先用清水洗淨，用冷水再浸20分鐘，再次清洗乾淨；用五指毛桃煲湯宜濃宜淡，不論春夏秋冬、男女老少皆可食用，其獨特風味深受人們喜愛。

此款湯水具有祛風除濕、健脾化濕、行氣化痰、舒筋活絡之功效，適宜風濕性關節炎、腰腿疼痛、脾虛水腫、肺結核咳嗽、慢性支氣管炎、病後盜汗者飲用。

涼瓜排骨湯

排骨600克，涼瓜500克，蒜少許，鹽適量。

① 排骨洗淨，斬件，飛水。
② 涼瓜洗淨，切大塊；蒜去衣。
③ 將適量清水放入煲內，煮沸後加入以上材料，猛火煲滾後改用慢火煲2小時，加鹽調味即可。

煲湯的排骨，最好選擇骨頭多肉少的肋排或腔骨，用小火熬燉出骨髓的精華，才是使湯汁鮮美又有營養的原因。

此款湯水具有清熱消暑、解毒祛濕、清腸胃熱、利水通便之功效，特別適宜牙齦腫痛、牙齦出血者飲用。

眉豆花生豬尾湯

豬尾1隻（約700克），眉豆200克，花生仁100克，紅棗15克，陳皮10克，鹽2茶匙。

① 紅棗洗淨、去核；陳皮用清水泡軟；眉豆、花生仁放入清水中浸泡40分鐘，洗淨瀝乾。
② 豬尾洗淨，剁成小段，再放入沸水鍋中焯煮5分鐘，撈出沖淨。
③ 鍋中加清水，下入豬尾、眉豆、花生仁、紅棗、陳皮猛火燒沸，再撇去浮沫，轉慢火煲約2.5小時，然後加入鹽調味，即可出鍋。

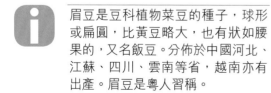
眉豆是豆科植物菜豆的種子，球形或扁圓，比黃豆略大，也有狀如腰果的，又名飯豆。分佈於中國河北、江蘇、四川、雲南等省，越南亦有出產。眉豆是粵人習稱。

此款湯水具有健脾開胃、祛濕醒神、和中益氣、壯骨益髓等功效，特別適合脾胃不佳、腎虛、腹瀉、小便頻繁者飲用。

腐竹白果豬肚湯

豬肚1隻（約600克），腐竹60克，白果30克，薏米20克，馬蹄6隻，鹽、生粉適量。

① 把豬肚翻轉過來，用鹽、生粉搓擦，然後用水沖洗，反覆幾次。
② 馬蹄去皮洗淨；腐竹、白果、薏米洗淨。
③ 煲內注入適量清水煮沸，放入全部材料，煮沸後改文火煲2小時，加鹽調味即可。

腐竹也叫支竹，是乾的黃豆製品，其能量配比均勻且營養素密度很高；豬肚含有蛋白質、脂肪、碳水化合物、維他命及鈣、磷、鐵等，具有補虛損、健脾胃的功效，適用於氣血虛損、身體瘦弱者食用。

此款湯水清淡醇香，正氣溫補，具有健脾開胃、消食除脹、滋陰補腎、祛濕消腫的功效，此湯補而不燥，老少咸宜，特別適宜胃潰瘍、虛不受補者飲用。

土茯苓煲鴨湯

光鴨1隻（約800克），綠豆150克，土茯苓30克，鹽適量。

① 光鴨洗淨，斬成大塊。
② 綠豆用清水浸1小時，洗淨；土茯苓洗淨。
③ 將適量清水放入煲內，煮沸後加入以上材料，猛火煲滾後改用慢火煲2小時，加鹽調味即可。

如怕煲出來的湯過於油膩，在烹製之前，可以撕去鴨皮，能去掉鴨皮下的脂肪。

此款湯水具清熱解毒、利水消腫、消暑除煩、止渴健胃之功效，特別適宜暑熱煩渴、濕熱泄瀉、瘡瘍腫毒者飲用。

太子參淮山鱸魚湯

鱸魚1條（約600克），太子參20克，淮山30克，蜜棗15克，生薑2片，鹽適量。

① 蜜棗洗淨；淮山、太子參洗淨，浸泡1小時。
② 鱸魚清洗乾淨，燒鍋下油、薑片，將鱸魚煎至金黃色。
③ 將適量清水放入煲內，煮沸後加入以上材料，猛火煲滾後改用慢火煲2小時，加鹽調味即可。

鱸魚富含蛋白質、維他命A、維他命B雜、鈣、鎂、鋅、硒等營養元素；具有補肝腎、益脾胃、化痰止咳之功效，對肝腎不足的人有很好的補益作用。

此款湯水具有益氣、健脾開胃、補氣生津、降火清熱之功效，特別適宜脾虛食少、倦怠乏力、心悸自汗、肺虛咳嗽、津虧口渴、胃口欠佳者飲用。

粉葛赤小豆鯪魚湯

冬瓜鯇魚湯

鯪魚1條（約500克），粉葛300克，赤小豆60克，生薑2片，鹽適量。

鯇魚300克，冬瓜250克，生薑2片，鹽適量。

① 將鯪魚常規處理後清洗乾淨，抹乾水。燒鍋下油、薑片，將鯪魚兩面煎至金黃色。

② 赤小豆浸泡1小時，洗淨；粉葛去皮，洗淨，切成大塊。

③ 將適量清水放入煲內，煮沸後加入以上材料，猛火煲滾後改用慢火煲3小時，加鹽調味即可。

① 冬瓜去皮、去瓤，洗淨，切成小塊。

② 鯇魚洗滌整理乾淨，瀝去水分；鍋置火上，加入素油燒熱，先下入薑片略煎，再放入鯇魚煎至金黃色。

③ 將適量清水放入煲內，煮沸後加以材料，猛火煲滾後改用慢火煲2小時，加鹽調味即可。

粉葛又叫葛根，主要含碳水化合物、植物蛋白、多種維他命和礦物質，此外還含有黃酮類物質。

鯇魚一定要選擇新鮮之品，才能保證煲出來的湯水清甜可口；鯇魚不宜切太小塊，以免把魚肉煮散。

此款湯水具有清熱解毒、瀉火利濕、解肌退熱、生津止渴之功效，特別適宜筋骨肌肉濕熱疼痛、口苦尿黃、腰膝酸楚者飲用。

此款湯水具有暖胃和中、平肝熄風、利尿消痰、益眼明目之功效，尤其適宜虛勞、風虛頭痛、肝陽上亢、高血壓、頭痛者飲用。

粉葛排骨鯽魚湯

排骨500克，鯽魚1條（約400克），粉葛300克，蜜棗20克，陳皮1小片，鹽適量。

① 粉葛去皮，洗淨切成大塊；陳皮浸軟，洗淨；蜜棗洗淨。
② 鯽魚洗淨，燒鍋下油、薑片，將鯽魚煎至金黃色；排骨斬塊，洗淨，飛水。
③ 將適量清水放入煲內，煮沸後加入以上材料，猛火煲滾後改用慢火煲2小時，加鹽調味即可。

將鯽魚去鱗剖腹洗淨後放入盆中，在魚身上倒些黃酒，就能除去魚的腥味，並能使魚味鮮美。

此款湯水具有瀉火利濕、清熱解毒、生津止渴之功效，特別適宜口苦尿黃、腰膝酸痛者飲用。

紅蘿蔔鯽魚湯

鯽魚1條（約400克），紅蘿蔔300克，淮山60克，老薑2片，鹽適量。

① 紅蘿蔔去皮洗淨，切成塊狀；淮山提前1小時浸泡，洗淨。
② 鯽魚洗淨，燒鍋下花生油、薑片，將鯽魚煎至金黃色。
③ 煲內注入適量清水煮沸，加入以上材料煮沸後改慢火煲2小時，加鹽調味即可。

鯽魚有健脾利濕、和中開胃、活血通絡、溫中下氣之功效，對脾胃虛弱、水腫、潰瘍、氣管炎、哮喘、糖尿病有很好的滋補食療作用；產後婦女燉食鯽魚湯，可補虛通乳。

此款湯水具有開胃消食、益氣健脾、潤腸通便等功效。此湯特別適宜消化不良、胃口欠佳者飲用，是一道針對胃腸道疾病的食療靚湯。

紅蘿蔔腐竹鯽魚湯

 鯽魚1條（約400克），紅蘿蔔300克，腐竹50克，老薑2片，鹽適量。

① 紅蘿蔔去皮，洗淨，切成塊狀；腐竹洗淨。
② 鯽魚清洗乾淨，燒鍋下花生油、薑片，將鯽魚兩面煎至金黃色。
③ 把適量清水煮沸，放入所有材料煮沸後改慢火煲1小時，加鹽調味即可。

 鯽魚又名鮒魚，別稱喜頭，為鯉科動物，產於中國各地。鯽魚肉味鮮美，肉質細嫩，營養全面，含蛋白質多，脂肪少，食之鮮而不膩，略感甜味。

 此款湯水具有醒腦明目、健脾開胃、增進食慾之功效，適用於消化不良及緊張疲勞等引起的胃口欠佳、視力疲勞、夜盲症者飲用。

紅蘿蔔生魚湯

 生魚1條（約400克），豬踭肉300克，紅蘿蔔300克，紅棗20克，陳皮1小片，鹽適量。

① 生魚洗淨抹乾水，下油稍煎鏟起；豬踭肉洗淨，飛水。
② 紅蘿蔔去皮洗淨，切成大塊；陳皮浸軟，洗淨；紅棗洗淨，去核。
③ 將適量清水注入煲內煮沸，放入全部材料再次煮開後改慢火煲2小時，加鹽調味即可。

 豬踭肉就是豬手以上部位的肉；生魚肉中含蛋白質、脂肪、18種氨基酸，還含有人體必需的鈣、磷、鐵及多種維他命。

 此款湯水清補滋養而不滯，具有祛濕行滯、補脾胃虛弱、助脾健胃、行水滲濕之功效，適宜消化不良、脾胃不佳者飲用。

絲瓜魚頭湯

大魚頭350克，豆腐100克，絲瓜300克，草菇50克，生薑2片，鹽適量。

① 魚頭去鰓，洗淨，燒鍋下油、薑片，將魚頭煎至金黃色。
② 絲瓜刨去棱邊，洗淨切塊；豆腐、草菇洗淨。
③ 煮沸適量清水，放入魚頭煮30分鐘後，加入豆腐、絲瓜、草菇滾20分鐘，加鹽調味即可。

豆腐清肺熱、消暑熱，並能止肺熱喘咳；豆腐在投入煲湯之前，可以先將兩面煎至金黃色，可避免豆腐散爛。

此款湯水具有清熱消暑、除煩止渴、化痰止咳之功效，特別適宜暑天肺熱、咳喘痰多、口渴口乾、胸悶煩熱、食慾缺乏者飲用。

豆腐魚頭湯

大魚頭500克，豆腐200克，芫荽30克，生薑2片，鹽適量。

① 豆腐、芫荽分別洗淨，備用。
② 魚頭去鰓，清洗乾淨，燒鍋下油、薑片，將魚頭兩面煎至金黃色。
③ 將適量清水放入煲內，煮沸後加入以上材料，猛火煲滾後改用慢火煲1小時，加鹽調味即可。

芫荽，是重要的香辛菜，爽口開胃，消食下氣，醒脾和中，做湯可以添加。但腐爛、發黃的芫荽不要食用，因為這樣的芫荽已經沒有了香氣，不僅沒有上述作用，還可能產生毒素。

此款湯水具有清熱解毒、清瀉胃火、醒脾開胃、解表疏風之功效，特別適宜風火牙痛、牙齒浮動、口腔潰瘍、口乾口苦、尿少尿黃、大便秘結者飲用。

鹹蛋瘦肉湯

 豬瘦肉500克，白瓜500克，鹹蛋1隻，鹽適量。

① 豬瘦肉洗淨，切片。
② 白瓜剖開去瓤，洗淨，切塊；鹹蛋去殼。
③ 煮沸清水，加入白瓜、鹹蛋黃煲30分鐘，放入瘦肉煲20分鐘，倒進鹹蛋液，5分鐘後加鹽調味即可。

 中醫認為，鹹鴨蛋清肺火、降陰火功能比未醃製的鴨蛋更勝一籌，煮食可治癒瀉痢。鹹蛋黃油可治小兒積食。

 此款湯水具有消暑清熱、解渴除煩、利尿通便、滌胃益氣等功效，特別適宜煩熱口渴、小便不利、食慾欠佳者飲用。

北芪茯苓瘦肉湯

豬瘦肉500克，茯苓30克，北芪20克，紅棗20克，桂圓肉20克，生薑1片，鹽適量。

① 豬瘦肉洗淨，切厚片，飛水。
② 北芪、茯苓、桂圓肉洗淨；紅棗去核，洗淨。
③ 將適量清水放入煲內，煮沸後加入以上材料，猛火煲滾後改用慢火煲 3 小時，加鹽調味即可。

茯苓，自古被視為"中藥八珍"之一，具有利水滲濕、健脾補中、寧心安神的功效；以體重堅實、外皮色棕褐、皮紋細、無裂隙、斷面白色細膩者為佳。

此款湯水具有清熱降火、解毒利濕、祛風通絡、強健脾胃、補血安神、補氣益肺之功效，特別適宜熱毒熾盛、小便不利、水腫脹滿、食少脘悶、心悸不安、失眠健忘者飲用。

玄參麥冬瘦肉湯

豬瘦肉500克，玄參30克，麥冬30克，蜜棗20克，鹽適量。

① 豬瘦肉洗淨，切塊，飛水。
② 玄參、麥冬提前1小時浸泡，洗淨；蜜棗洗淨。
③ 將適量清水放入煲內，煮沸後加入以上材料，猛火煲滾後改用慢火煲3小時，加鹽調味即可。

豬瘦肉烹調前勿長時間浸泡在水中，會流失很多營養，同時口味也欠佳。

此款湯水具有瀉火解毒、清熱養陰、利咽解渴、清心除煩之功效，特別適合咽喉腫痛、煙酒過多、頻繁熬夜、風火牙痛、心煩口渴者飲用。

雞骨草瘦肉湯

豬瘦肉500克，雞骨草50克，蜜棗25克，鹽適量。

① 豬瘦肉洗淨，切塊，飛水。
② 雞骨草浸泡1小時，洗淨；蜜棗洗淨。
③ 將適量清水放入煲內，煮沸後加入以上材料，猛火煲滾後改用慢火煲2小時，加鹽調味即可。

雞骨草為豆科植物廣東相思子的全草。廣東相思子為攀援灌木，生於山地或曠野灌木林邊，分佈於廣東、廣西等地。雞骨草全草多纏繞成束，以根粗、莖葉全者為佳。

此款湯水具有清熱降火、解毒利濕、增強身體免疫力、抗癌防癌之功效，特別適宜消化系統及泌尿系統癌症患者飲用。

竹蔗茅根瘦肉湯

豬瘦肉600克，竹蔗250克，白茅根30克，馬蹄100克，蜜棗15克，鹽適量。

① 豬瘦肉洗淨，切厚片，飛水。
② 竹蔗洗淨，切成小段；馬蹄去皮，洗淨；鮮白茅根、蜜棗洗淨。
③ 將適量清水放入煲內，煮沸後加入以上材料，猛火煲滾後改用慢火煲2小時，加鹽調味即可。

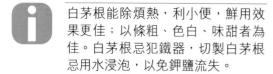

白茅根能除煩熱，利小便，鮮用效果更佳；以條粗、色白、味甜者為佳。白茅根忌犯鐵器，切製白茅根忌用水浸泡，以免鉀鹽流失。

此款湯水具有清熱生津、利尿通便、解酒除煩的功效，特別適宜煙酒過多引起的煩熱不安、咽痛口渴、聲音嘶啞、尿黃尿少者飲用。

狗肝菜瘦肉湯

豬瘦肉500克，狗肝菜100克，薏米50克，蜜棗20克，鹽適量。

① 豬瘦肉洗淨，切厚片，飛水。
② 狗肝菜洗淨，浸泡30分鐘；薏米洗淨，浸泡1小時；蜜棗洗淨。
③ 將適量清水放入煲內，煮沸後加入以上材料，猛火煲滾後改用慢火煲2小時，加鹽調味即可。

狗肝菜又叫金龍棒、豬肝菜、青蛇、路邊青；性涼，味甘、淡，入心、肝、大腸、小腸經，具有清熱解毒、涼血、生津、利尿的功效。以葉多、色綠者為佳。

此款湯水具有生津止渴、清熱瀉火、除煩潤燥之功效，特別適宜口渴欲飲、肝膽濕熱之脅肋脹滿、煩躁易怒、尿黃尿少者飲用。

無花果瘦肉湯 | 太子參瘦肉湯

瘦肉400克，無花果30克，南北杏仁20克，蜜棗20克，鹽適量。

瘦肉500克，太子參20克，芡實30克，蜜棗20克，鹽適量。

① 瘦肉洗淨，切厚片。

② 無花果提前1小時浸泡，洗淨；南北杏仁、蜜棗洗淨。

③ 將適量清水放入煲內，煮沸後加入以上材料，猛火煲滾後改用慢火煲2小時，加鹽調味即可。

① 瘦肉洗淨，切厚片。

② 太子參、蜜棗洗淨；芡實浸泡，洗淨。

③ 將適量清水放入煲內，煮沸後加入以上材料，猛火煲滾後改用慢火煲2小時，加鹽調味即可。

無花果營養豐富而全面，除含有人體必需的多種氨基酸、維他命、礦物質外，還含有檸檬酸、延胡索酸、脂肪酶等多種成分。

太子參味甘、微苦，性平、微寒；既能益氣，又可養陰生津，且藥力平和，為一味清補之品。

此款湯水具有清甜潤肺、清熱消腫、消食開胃之功效，特別適宜咽喉腫痛、消化不良、陰虛咳嗽者飲用。

此款湯水具有清潤肺燥、益氣生津之功效，特別適宜脾虛食少、倦怠乏力、肺虛咳嗽、津虧口渴者飲用。

粉葛綠豆脊骨湯

 豬脊骨750克,粉葛500克,綠豆50克,蜜棗15克,鹽適量。

① 豬脊骨洗淨,斬件,飛水。
② 粉葛去皮,洗淨切塊;綠豆浸泡1小時,洗淨;蜜棗洗淨。
③ 將適量清水放入煲內,煮沸後加入以上材料,猛火煲滾後改用慢火煲2.5小時,加鹽調味即可。

 粉葛的提取物有使體溫恢復正常的作用,對發熱有效,故常用於發熱口渴、心煩不安等病症的食療。

 此款湯水具有生津止渴、清熱解毒、醒酒除煩之功效,特別適宜口乾口苦、濕熱泄瀉、煙酒過多、皮膚瘡毒者飲用。

冬瓜苦瓜脊骨湯

 豬脊骨750克,冬瓜500克,苦瓜300克,蜜棗15克,鹽適量。

① 豬脊骨洗淨,剁成大塊,洗淨,飛水。
② 冬瓜、苦瓜分別洗淨、去瓤,均切成大塊;蜜棗洗淨。
③ 鍋中加入清水燒沸,放入以上材料,猛火煲滾後轉慢火煲3小時,加入鹽調味即可。

 冬瓜以生長充分、老熟、肉質結實、皮色青綠、帶白霜、形狀端正、表皮無斑點和外傷、皮不軟、不腐爛為好。

 此款湯水具有清熱消暑、利暑去濕、通便利水、生津除煩之功效,適宜口渴心煩、汗多尿少、食慾缺乏、胸悶脹滿者飲用。

冬瓜排骨湯

冬瓜600克，豬排骨500克，赤小豆60克，陳皮1小片，鹽適量。

① 排骨洗淨斬件，放入沸水中煮5分鐘，取出洗淨備用。
② 冬瓜去籽，洗淨，帶皮切成厚塊；赤小豆、陳皮分別洗淨，用清水浸軟。
③ 煲鍋置火上，加入適量清水燒沸，再放入全部材料再次煮開，轉慢火煲2小時，再加入鹽調味，出鍋裝碗即可。

陳皮果皮多剝成3~4瓣，基部相連，形狀整齊有序，厚度約1毫米；點狀油室較大，對光照視透明清晰，質較柔軟；以片大、色鮮、油潤、質軟、香氣濃、味苦辛者為佳。

此款湯水具有利水除濕、清熱解毒、降脂降壓、和血排膿、通利小便之功效，適宜水腫、腳氣、黃疸、瀉痢、高血脂、高血壓者飲用。

合掌瓜排骨湯

排骨750克，合掌瓜500克，無花果30克，南北杏仁30克，蜜棗15克，鹽適量。

① 排骨洗淨，斬件，飛水。
② 合掌瓜去瓤，洗淨切塊；無花果浸泡，洗淨；南北杏仁、蜜棗洗淨。
③ 將適量清水放入煲內，煮沸後加入以上材料，猛火煲滾後改用慢火煲2小時，加鹽調味即可。

棗製成的果脯一般稱為蜜棗。由於其表面帶有許多細紋，故又稱為金絲蜜棗。蜜棗是廣東老火湯的常用傳統配料。

此款湯水具有生津止渴、潤燥解暑、清潤喉嚨之功效，特別適宜暑天多汗、口舌乾燥、心煩不安者飲用。

節瓜排骨湯

排骨750克，節瓜500克，香菇50克，眉豆50克，花生50克，蜜棗15克，鹽適量。

① 節瓜去皮，洗淨切塊；眉豆、花生、香菇洗淨，浸泡1小時；蜜棗洗淨。
② 排骨斬件，洗淨，飛水。
③ 將適量清水放入煲內，煮沸後加入以上材料，猛火煲滾後改用慢火煲3小時，加鹽調味即可。

節瓜的老瓜、嫩瓜均可食用，是一種營養豐富、口感鮮美、炒食做湯皆宜的瓜類。嫩瓜肉質柔滑、清淡，烹調以嫩瓜為佳。

此款湯水具有消暑清熱、利水滲濕、醒神開胃之功效，特別適宜暑熱煩渴、汗多尿少、食慾缺乏者飲用。

粉葛墨魚豬蹄湯

豬蹄肉500克，乾墨魚100克，粉葛400克，綠豆100克，生薑2片，鹽適量。

① 豬蹄肉洗淨切成大塊，飛水。
② 粉葛去皮，洗淨切塊；綠豆洗淨，清水浸1小時；墨魚乾浸透，洗淨；陳皮、生薑洗淨。
③ 將適量清水放入煲內，煮沸後加入以上材料，猛火煲滾後改用慢火煲1.5小時，加鹽調味即可。

綠豆不宜煮得過爛，以免有機酸和維他命遭到破壞。

此款湯水具有清熱降火、解肌退熱、生津止渴、升陽止瀉之功效，特別適宜發熱頭痛、口乾口渴者飲用。

田寸草薏米豬肚湯

蓮蓬荷葉煲雞湯

豬肚1隻(約500克)，田寸草150克，薏米100克，腐竹50克，白果50克，蜜棗20克，鹽、生粉適量。

老光雞1隻(約800克)，蓮蓬30克，荷葉20克，紅棗20克，鹽適量。

① 把豬肚翻轉過來，用鹽、生粉搓擦，然後用水沖洗，反覆幾次。
② 田寸草連頭莖洗淨；白果、薏米、腐竹、蜜棗洗淨。
③ 把適量清水煮沸，放入以上材料猛火煮沸後改文火煲2小時，加鹽調味即可。

① 老光雞洗淨，斬件。
② 蓮蓬、荷葉浸泡1小時，洗淨；紅棗去核，洗淨。
③ 將適量清水放入煲內，煮沸後加入以上材料，猛火煲滾後改用慢火煲2小時，加鹽調味即可。

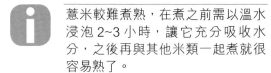
薏米較難煮熟，在煮之前需以溫水浸泡2~3小時，讓它充分吸收水分，之後再與其他米類一起煮就很容易熟了。

用於煲湯，荷葉可用鮮品，亦可用乾品，但鮮品的清熱解暑功效更為顯著。須注意，荷葉畏桐油、茯苓、白銀。

此款湯水具有清熱去濕、利尿通便、涼血解毒之功效，適宜小便不利、淋濁帶下、水腫黃疸、肺熱咳嗽、肝熱目赤者飲用。

此款湯水具有消暑利濕、健脾升陽、散瘀止血之功效，特別適宜暑熱煩渴、頭痛眩暈、水腫、食少腹脹、瀉痢、損傷瘀血者飲用。

冬瓜烏雞湯

冬瓜薏米老鴨湯

烏雞1隻(約600克)，瘦肉250克，冬瓜1200克，綠豆50克，陳皮1小片，鹽適量。

光鴨半隻(約600克)，瘦肉300克，冬瓜1000克，薏米50克，陳皮1小片，鹽適量。

① 冬瓜去瓤，洗淨，連皮切成大塊；綠豆洗淨，浸泡1小時；陳皮浸軟，洗淨。
② 烏雞洗淨，斬成大塊；瘦肉洗淨，切成塊。
③ 將適量清水放入煲內，煮沸後加入以上材料，猛火煲滾後改用慢火煲2小時，加鹽調味即可。

① 冬瓜除瓤洗淨，連皮切厚塊；薏米洗淨，浸泡1小時；陳皮浸軟，洗淨。
② 光鴨洗淨，斬成大件；瘦肉洗淨，切成厚片。
③ 將適量清水放入煲內，煮沸後加入以上材料，猛火煲滾後改用慢火煲3小時，加鹽調味即可。

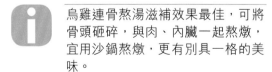

烏雞連骨熬湯滋補效果最佳，可將骨頭砸碎，與肉、內臟一起熬燉，宜用沙鍋熬燉，更有別具一格的美味。

冬瓜用於煲湯的時候，一般連皮一起食用，食療效果會更加明顯。

此款湯水具有清熱解暑、祛濕消腫、潤肺生津、化痰止渴之功效，特別適宜暑熱口渴、水腫、腳氣、脹滿、消渴者飲用。

此款湯水口感清鮮，具有清熱消暑、生津除煩、利尿消腫、健脾利水、健脾開胃之功效，特別適宜暑熱口渴、痰熱咳喘、水腫、腳氣、脹滿者飲用。

茅根生地薏米老鴨湯

冬瓜綠豆鵪鶉湯

老鴨半隻（約600克），鮮白茅根40克，生地黃30克，薏米30克，蜜棗20克，生薑2片，鹽適量。

① 鮮白茅根、生地黃、薏米洗淨；蜜棗洗淨。

② 老鴨斬件，洗淨，飛水。

③ 把適量清水煮沸，放入所有材料煮沸後改慢火煲3小時，加鹽調味即可。

生地黃宜與其他湯料相配食用；配阿膠，清熱降火；配黃柏，養陰清熱；配牛膝，滋陰補腎。

此款湯水具有清熱降火、涼血止血、利尿滲濕、滋陰生津之功效，適宜泌尿系統感染、腎結石、膀胱結石、尿頻、尿少尿黃、血尿者飲用。

鵪鶉4隻（約600克），冬瓜500克，綠豆60克，蜜棗15克，鹽適量。

① 冬瓜洗淨、去瓤，連皮切成塊狀；綠豆洗淨，浸泡1小時；蜜棗洗淨。

② 鵪鶉去毛、內臟，清洗乾淨。

③ 將適量清水放入煲內，煮沸後加入以上材料，猛火煲滾後改用慢火煲2小時，加鹽調味即可。

鵪鶉是一種頭小、尾巴短、不善飛的赤褐色禽類，鵪鶉肉是典型的高蛋白、低脂肪、低膽固醇食物，特別適合中老年人以及高血壓、肥胖症患者食用。鵪鶉的食療功效可與人參媲美，譽為"動物人參"。

此款湯水具有清熱消暑、利水消炎、生津除煩之功效，特別適宜口渴心煩、咽痛口乾、熱痱、濕疹、瘡癤頻生者飲用。

粉葛煲鯽魚湯

綠豆荷葉田雞湯

鯽魚1條(約500克),粉葛700克,蜜棗20克,鹽適量。

田雞500克,綠豆100克,荷葉30克,鹽適量。

① 粉葛去皮,洗淨切成大塊;蜜棗洗淨。

② 將鯽魚常規處理後清洗乾淨,抹乾水,燒鍋下油、薑片,將鯽魚兩面煎至金黃色。

③ 將適量清水放入煲內,煮沸後加入以上材料,猛火煲滾後改用慢火煲1.5小時,加鹽調味即可。

① 田雞去頭、皮、內臟,洗淨斬小件。

② 綠豆洗淨,浸泡1小時;荷葉浸泡,洗淨。

③ 將適量清水放入煲內,煮沸後加入以上材料,猛火煲滾後改用慢火煲1小時,加鹽調味即可。

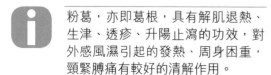

粉葛,亦即葛根,具有解肌退熱、生津、透疹、升陽止瀉的功效,對外感風濕引起的發熱、周身困重,頸緊膊痛有較好的清解作用。

此款湯水具有清熱去火、清痰利濕、解毒去濕之功效,特別適宜發熱頭痛、口渴口苦、麻疹不透、熱痢、泄瀉者飲用。

田雞因肉質細嫩勝似雞肉,故稱田雞。田雞含有豐富的蛋白質、水分和少量脂肪,肉味鮮美,現在食用的田雞大多為人工養殖。

此款湯水具有清暑解毒、生津止渴、消暑利濕、利水消腫之功效,特別適宜暑熱煩渴、濕熱瀉痢、皮膚濕疹、瘡癤腫毒者飲用。

羅漢果瘦肉湯

豬瘦肉500克，羅漢果1個，鹽適量。

① 豬瘦肉洗淨，切片，飛水。
② 羅漢果洗淨，打碎。
③ 將適量清水放入煲內，煮沸後加入以上材料，猛火煲滾後改用慢火煲 3 小時，加鹽調味即可。

羅漢果以個大、完整、搖之不響、色黃褐者為佳。羅漢果常烘乾、粉碎後用開水沖泡或用水煎而取其汁飲用，是一種風味獨特的乾果。

此款湯水具有潤肺利咽、清痰止咳、清喉爽聲之功效，特別適宜痰火咳嗽、煙酒過多、頻繁熬夜引起的聲音嘶啞者飲用。

西洋參雙雪瘦肉湯

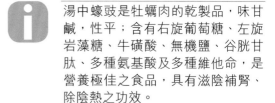

苦瓜蠔豉瘦肉湯

豬瘦肉 500 克，西洋參（花旗參）20
克，雪梨 250 克，銀耳 20 克，蜜棗
15 克，鹽適量。

豬瘦肉 500 克，苦瓜 300 克，蠔豉
50 克，鹽適量。

① 豬瘦肉洗淨，切成塊狀，飛水。
② 雪梨去皮、核，洗淨切塊；銀耳
　 浸發，洗淨，撕成小朵；西洋參、
　 蜜棗洗淨。
③ 將適量清水放入煲內，煮沸後加
　 入以上材料，猛火煲滾後改用
　 慢火煲 2 小時，加鹽調味即可。

① 豬瘦肉洗淨，切厚片。
② 苦瓜去瓤，洗淨切塊；蠔豉浸
　 泡 2 小時，洗淨。
③ 將適量清水放入煲內，煮沸後加
　 入以上材料，猛火煲滾後改用
　 慢火煲 2 小時，加鹽調味即可。

銀耳宜用涼水泡發，泡發後應去掉
未發開的部分，特別是呈淡黃色的
部分；變質銀耳不可食用，以防
中毒。

湯中蠔豉是牡蠣肉的乾製品，味甘
鹹，性平；含有右旋葡萄糖、左旋
岩藻糖、牛磺酸、無機鹽、谷胱甘
肽、多種氨基酸及多種維他命，是
營養極佳之食品，具有滋陰補腎、
除陰熱之功效。

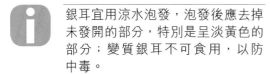
此款湯水具有清熱生津、益肺降
火、清燥潤肺、除煩醒酒之功效，
特別適宜口苦口臭、胸悶胸痛、神
志不爽、口咽乾燥者飲用。

此款湯水具有清熱消暑、降糖止
渴、降火利咽之功效，特別適宜糖
尿病、高血壓、高血脂引起的口乾
口苦、咽喉疼痛、頭暈目眩者飲用。

沙參瘦肉湯

 豬瘦肉 500 克，沙參 30 克，玉竹 30 克，百合 30 克，蜜棗 15 克，鹽適量。

① 豬瘦肉洗淨，切塊，飛水。
② 沙參、玉竹、百合、蜜棗洗淨。
③ 將適量清水放入煲內，煮沸後加入以上材料，猛火煲滾後改用慢火煲 2 小時，加鹽調味即可。

 沙參分為南沙參與北沙參兩種，雖是不同科屬的兩種植物藥材，但一般認為兩藥功用相似，細分起來，南沙參偏於清肺祛痰，而北沙參偏於養胃生津。

 此款湯水具有潤肺止咳、生津解渴、養陰潤燥之功效，特別適宜秋燥、肺燥乾咳、陰虛久咳、煩渴口乾者飲用。

桑葉茯苓脊骨湯

 豬脊骨 750 克，桑葉 10 克，茯苓 30 克，鹽適量。

① 豬脊骨斬件，洗淨，飛水。
② 桑葉、茯苓浸泡，洗淨。
③ 將適量清水放入煲內，煮沸後加入以上材料，猛火煲滾後改用慢火煲 3 小時，加鹽調味即可。

 桑葉善於散風熱而泄肺熱，對微外感風熱、頭痛、咳嗽等，常與菊花、銀花、薄荷、前胡、桔梗等配合使用。

 此款湯水具有清瀉肺熱、化痰止咳、益肺定喘、健脾利濕之功效，特別適宜呼吸系統疾患後期見痰多、咳痰不清、伴有顏面水腫、尿少者飲用。

赤小豆苦瓜排骨湯

紅蘿蔔冬菇排骨湯

排骨750克,苦瓜300克,葛花20克,赤小豆50克,蜜棗25克,鹽適量。

排骨500克,紅蘿蔔250克,冬菇25克,大白菜250克,鹽適量。

① 排骨斬件,洗淨,飛水。

② 苦瓜去瓤,洗淨切塊;赤小豆浸泡,洗淨;葛花、蜜棗洗淨。

③ 將適量清水放入煲內,煮沸後加入以上材料,猛火煲滾後改用慢火煲2小時,加鹽調味即可。

① 紅蘿蔔洗淨去皮,切厚塊;冬菇用清水浸軟,去蒂;大白菜洗淨。

② 排骨洗淨,斬件,飛水。

③ 將適量清水放入煲內,煮沸後加入以上材料,猛火煲滾後改用慢火煲2小時,加鹽調味即可。

葛花能解酒毒、祛酒濕、醒胃止煩渴,是解酒、醒酒之佳品,對醉酒後出現的心神煩躁,噁心嘔吐、發熱、煩渴等有較好的清解作用。

紅蘿蔔性平味甘,具有補中下氣、利胸膈、潤腸胃、安五臟之功效;特別在秋令時節,常食紅蘿蔔能增強體質、提高免疫力和潤澤肌膚。

此款湯水具有清熱除煩、醒胃止渴、解毒醒酒、寬腸理氣之功效,特別適宜心煩口渴、酒後頭痛、精神不爽、胸脅脹滿、食慾缺乏者飲用。

此款湯水鮮美甘潤,具有補中益氣、健脾消食、行氣化滯、益眼明目之功效,特別適宜食慾缺乏、腹脹腹瀉、咳喘痰多、視物不明者飲用。

馬蹄海蜇肉排湯

瘦肉450克，排骨300克，海蜇200克，馬蹄200克，生薑1片，鹽適量。

① 海蜇洗淨，飛水；馬蹄去皮，洗淨。

② 排骨洗淨，斬件，飛水；瘦肉洗淨，切塊。

③ 將適量清水放入煲內，煮沸後加入以上材料，猛火煲滾後改用慢火煲2小時，加鹽調味即可。

海蜇有化痰清熱的作用，對於降低血壓也有一定的療效，痰多及患高血壓的人士，不妨多飲此湯。

此款湯水具有降血壓、生津潤肺、化痰利腸、通淋利尿、消癭解毒之功效，特別適宜高血壓、便秘、糖尿病尿多者飲用。

菜乾蜜棗豬蹄湯

豬蹄肉500克，菜乾50克，蜜棗20克，南北杏仁15克，鹽適量。

① 豬蹄肉洗淨，切成厚片。

② 菜乾浸開，洗淨；蜜棗、南北杏仁洗淨。

③ 將適量清水放入煲內，煮沸後加入以上材料，猛火煲滾後改用慢火煲2小時，加鹽調味即可。

菜乾在烹製之前一定要確保浸泡時間充足，一般需要浸泡2~3小時，這樣才能將菜乾切底清洗乾淨。

此款湯水具有潤肺解燥、生津止咳、降氣平喘之功效，特別適合咳嗽、胸滿喘促、喉痹咽痛者飲用。

粉葛豬蹄肉湯

豬蹄肉500克，粉葛300克，赤小豆50克，蜜棗20克，鹽適量。

① 粉葛去皮洗淨，橫切片；赤小豆、蜜棗洗淨。
② 豬蹄肉洗淨，切成厚片。
③ 將適量清水放入煲內，煮沸後加入以上材料，猛火煲滾後改用慢火煲2小時，加鹽調味即可。

粉葛提取物有使體溫恢復正常的作用，對多種發熱有效，故常用於發熱口渴、心煩不安等病症。

此款湯水具有清熱潤肺、生津除煩、升陽止瀉之功效，一般人群均可食用，特別適宜秋燥季節飲用。

霸王花豬蹄湯

豬蹄肉500克，霸王花50克，蜜棗20克，南北杏仁20克，鹽適量。

① 豬蹄肉洗淨，切塊，飛水。

② 霸王花用清水浸軟，洗淨；蜜棗、南北杏仁洗淨。

③ 將適量清水放入煲內，煮沸後加入以上材料，猛火煲滾後改用慢火煲2小時，加鹽調味即可。

霸王花產於廣東，氣微香，味稍甜，具有止氣喘、理痰火咳嗽、清熱潤肺、止咳的功效；選購時以朵大、色鮮明、味香甜者為佳。

此款湯水具有清熱潤肺、祛痰止咳、補肺益氣之功效，特別適宜痰火咳嗽、胸滿喘促、支氣管炎者飲用。

桑杏豬肺湯

豬肺 500 克，桑葉 10 克，南北杏仁 20 克，蜜棗 15 克，生薑 2 片，鹽適量。

① 豬肺洗淨，切塊，飛水。
② 桑葉浸泡，洗淨；生薑、南北杏仁、蜜棗洗淨。
③ 將適量清水放入煲內，煮沸後加入以上材料，猛火煲滾後改用慢火煲 3 小時，加鹽調味即可。

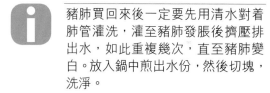
豬肺買回來後一定要先用清水對着肺管灌洗，灌至豬肺發脹後擠壓排出水，如此重複幾次，直至豬肺變白。放入鍋中煎出水份，然後切塊，洗淨。

此款湯水具有潤肺止咳、疏風清熱、清肝明目之功效，特別適合風熱表證之鼻塞、流涕、咳嗽痰多，肝火上炎之目赤腫痛，肺虛咳嗽兼見表證者飲用。

雙雪木瓜豬肺湯

豬肺 500 克，雪梨 250 克，銀耳 30 克，木瓜 250 克，生薑 2 片，鹽適量。

① 雪梨去芯，洗淨切塊；銀耳浸泡，洗淨撕成小朵；木瓜去皮、籽，洗淨切塊。
② 豬肺洗淨，切成塊狀，飛水。
③ 將適量清水放入煲內，煮沸後加入以上材料，猛火煲滾後改用慢火煲 3 小時，加鹽調味即可。

銀耳又名雪耳，本湯中與雪梨一起稱"雙雪"；豬肺要用水灌洗乾淨才可燉。

此款湯水具有清燥潤肺、化痰止咳、生津止渴之功效，特別適宜肺燥引起的咳嗽痰少、口咽乾燥、皮膚乾燥、食慾缺乏者飲用。

核桃花生雞腳湯

 雞腳 400 克，花生 100 克，核桃仁 30 克，紅棗 20 克，冬菇 15 克，陳皮 1 片，鹽適量。

① 雞腳洗淨，飛水備用。
② 冬菇浸軟，洗淨；紅棗去核，洗淨；核桃仁、花生、陳皮洗淨，瀝乾。
③ 將適量清水放入煲內，煮沸後加入以上材料，猛火煲滾後改用慢火煲 3 小時，加鹽調味即可。

 有的人喜歡將核桃仁表面的褐色薄皮剝掉，這樣會損失掉一部分營養，所以煲湯時不要剝掉這層薄皮。

 此款湯水具有潤肺祛燥、和肺定喘、滋陰養顏之功效，特別適宜肺燥咳嗽、腎虛喘嗽者秋季飲用。

杏仁桂圓乳鴿湯

 乳鴿 1 隻（約 300 克），瘦肉 300 克，南北杏仁 30 克，桂圓肉 20 克，生薑 10 克，鹽適量。

① 乳鴿去毛、內臟，洗淨；瘦肉用清水洗淨，切成小塊。
② 南北杏仁、桂圓肉、生薑分別用清水浸洗乾淨。
③ 鍋中加入適量清水燒沸，放入乳鴿、瘦肉、南北杏仁、桂圓肉、薑塊煮沸，再改用慢火煲約 2 小時，然後調入鹽即可。

 中醫認為，鴿肉味鹹、性平，無毒；具有滋補肝腎之作用，可以補氣血，拔毒排膿；可用以治療惡瘡、久病虛贏、消渴等症。常吃可使身體強健，清肺順氣。

 此款湯水潤而不膩，具有補肺益氣、潤肺解燥、止咳平喘之功效，特別適宜咳嗽、胸滿喘促、腎虛體弱、心神不寧者飲用。

川貝瘦肉鵪鶉湯

參竹魚尾湯

鵪鶉2隻(約300克)，瘦肉250克，川貝20克，蜜棗20克，鹽適量。

鯇魚尾約500克，沙參30克，玉竹30克，蜜棗20克，鹽適量。

① 鵪鶉去除內臟，清洗乾淨；瘦肉洗淨，切塊，飛水。
② 川貝、蜜棗洗淨。
③ 將適量清水放入煲內，煮沸後加入以上材料，猛火煲滾後改用慢火煲2小時，加鹽調味即可。

① 鯇魚尾去鱗，洗淨，燒鍋下油、薑，將魚尾煎至金黃色。
② 沙參、玉竹、蜜棗洗淨。
③ 將適量清水放入煲內，煮沸後加入以上材料，猛火煲滾後改用慢火煲1.5小時，加鹽調味即可。

鵪鶉肉是典型的高蛋白、低脂肪、低膽固醇食物，是老幼病弱者、高血壓患者、肥胖症患者的上佳補品。

用魚來做湯，一般都需要先經過油煎，再倒入開水燉煮，其湯才會呈奶白色，且湯味濃厚。湯的奶白色，是油水充分混合的結果。

此款湯水具有滋養潤肺、化痰止咳、散結消腫、生津除煩之功效，特別適宜肺熱燥咳、肺癰吐膿、虛勞久咳者飲用。

此款湯水具有清熱解暑、消脂降壓、清肺化痰、益胃生津之功效，特別適宜內熱消渴、燥熱咳嗽、陰虛外感者飲用。

參果瘦肉湯

 瘦肉500克，太子參50克，無花果50克，蜜棗25克，鹽適量。

① 瘦肉洗淨，切塊，飛水。
② 太子參、無花果、蜜棗洗淨。
③ 將適量清水放入煲內，煮沸後加入以上材料，猛火煲滾後改用慢火煲2小時，加鹽調味即可。

 太子參以條粗肥潤，有粉性、黃白色，無鬚根者為佳。

 此款湯水具有益肺養陰、益氣生津、健脾開胃之功效，特別適宜神經衰弱、失眠多夢、虛不受補者飲用。

海底椰瘦肉湯

豬瘦肉400克，海底椰15克，南北杏仁10克，川貝母10克，蜜棗15克，鹽適量。

① 豬瘦肉洗淨，切塊，飛水。
② 海底椰、川貝母浸泡，洗淨；蜜棗、杏仁洗淨。
③ 將適量清水放入煲內，煮沸後加入以上材料，猛火煲滾後改用慢火煲2小時，加鹽調味即可。

川貝母不宜與烏頭類藥材同用。

此款湯水補而不燥，具有益氣養陰、清肺化痰、生津潤燥之功效，特別適宜氣陰兩虛、咳嗽黃痰、口乾煩渴、氣短汗多者飲用。

栗子豬䐒湯

 豬䐒肉500克，栗子200克，百合60克，芡實20克，蜜棗20克，鹽適量。

① 栗子用熱水浸泡，去衣；芡實、百合、蜜棗洗淨。
② 豬䐒肉洗淨，切大塊放入開水中煮5分鐘，取出待用。
③ 煲內注入適量清水煮沸，放入全部材料煮沸後改慢火煲2小時，加鹽調味即可。

 栗子是碳水化合物含量較高的乾果品種，能供給人體較多的熱能，並能幫助脂肪代謝，具有益氣健脾，厚補胃腸的作用。

 此款湯水具有健脾養胃、補中益氣、補腎強筋、養陰潤肺、補脾止泄、利濕健中等功效，經常飲用此湯能調理腸胃，強身癒病。

蓮子芡實䐒肉湯

 豬䐒肉500克，蓮子50克，芡實50克，百合30克，蜜棗15克，鹽適量。

① 豬䐒肉洗淨，切塊。
② 芡實、蓮子、百合提前浸泡，洗淨；蜜棗洗淨
③ 將適量清水放入煲內，煮沸後加入以上材料，猛火煲滾後改用慢火煲2小時，加鹽調味即可。

 此湯由芡實與養心益腎的蓮子和補中益氣的豬䐒肉相配而成，可為人體提供豐富的蛋白質、脂肪、碳水化合物、礦物質等營養成分。

 此款湯水具有滋補中氣、固腎澀精、補脾止泄、健脾養胃之功效，特別適宜脾虛久瀉、遺精帶下、心悸失眠者飲用。

淮山排骨湯

排骨500克，淮山50克，蜜棗25克，鹽適量。

① 排骨洗淨，斬件，飛水。
② 淮山、蜜棗洗淨。
③ 將適量清水放入煲內，煮沸後加入以上材料，猛火煲滾後改用用慢煲2小火，加鹽調味即可。

煲好的湯純香可口，排骨肉質滑爛，淮山綿軟微甜；不用添加過多的調料，以免破壞本來的口感。

此款湯水具有補腎固精、補氣益肺、養陰生津、助眠退火之功效，特別適宜肺虛咳喘、氣短自汗、腎虛遺精、眩暈耳鳴者飲用。

墨魚豬肚湯

豬肚1隻（約600克），連骨墨魚1隻，杏仁20克，老薑2片，鹽、生粉適量。

① 把豬肚翻轉過來，放入盆中，用鹽、生粉搓擦，再用清水沖洗乾淨，反覆幾次，至異味去除。
② 墨魚洗滌整理乾淨；杏仁洗淨。
③ 鍋置火上，加入適量清水煮沸，放入全部材料煮沸後改慢火煲2小時，加鹽調味即可。

墨魚含有豐富的蛋白質、脂肪、無機鹽、碳水化合物等多種物質，藥用價值高，加上它滋味鮮美，早在唐代就有食用墨魚的記載，是人們喜愛的佳餚。

此款湯水具有健脾養胃、益血補腎、健胃理氣、壯陽健身等功效，適用於胃濕熱、有痰及胃潰瘍者飲用。

銀耳煲雞湯

光雞1隻（約600克），銀耳30克，蜜棗25克，老薑2片，鹽適量。

① 蜜棗洗淨；銀耳用清水浸發，洗淨，撕成小朵。

② 將光雞除去肥油，洗淨，放入開水中煮10分鐘，撈起洗淨。

③ 把適量清水煮沸，放入全部材料煮沸後改慢火煲2小時，加鹽調味即可。

銀耳宜用開水泡發，泡發後應去掉未發開的部分，特別是那些呈淡黃色的部分；變質銀耳不可食用，以防中毒。

此款湯水具有開胃潤腸、健脾養胃、清潤補益、強筋健骨、補虛填精等功效，適用於脾胃虛弱、營養不良、乏力疲勞者飲用。

北芪桂圓童雞湯

童雞1隻（約400克），瘦肉250克，北芪50克，桂圓肉20克，蜜棗25克，鹽適量。

① 童雞宰殺，去毛、去內臟，洗淨，斬件；瘦肉洗淨，切塊。

② 北芪、桂圓肉、蜜棗分別洗淨。

③ 鍋中加入適量清水煮沸後，加入以上材料，猛火煲沸，後改用慢火煲2小時，加入鹽調味即可。

雞湯內含膠質蛋白、肌肽、肌酐和氨基酸等，不但味道鮮美，而且易於吸收消化，對身體大有裨益。

此款湯水清甜可口，具有補中益氣、補血養神、開胃健脾之功效，特別適宜氣虛血弱、精神衰弱、頭暈失眠、食慾缺乏者飲用。

猴頭菇老雞湯

老雞1隻（約800克），猴頭菇60克，淮山20克，蜜棗15克，鹽適量。

① 猴頭菇浸泡，洗淨切開；淮山、蜜棗浸泡，洗淨。
② 老雞清洗乾淨，斬成大塊，飛水待用。
③ 煲內注入適量清水，煮沸後放入全部材料，猛火煮沸後改慢火煲3小時，加鹽調味即可。

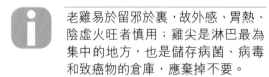
老雞易於留邪於裏，故外感、胃熱、陰虛火旺者慎用；雞尖是淋巴最為集中的地方，也是儲存病菌、病毒和致癌物的倉庫，應棄掉不要。

此款湯水味道醇香，具有開胃健脾、益氣潤肺、解毒抗癌等功效，用於調養脾胃虛弱引起的慢性胃炎，亦可用於防治腫瘤。

豬肚煲老雞湯

老雞1隻（約800克），豬肚1隻（約600克），胡椒粒20克，紅棗30克，鹽適量，生粉適量。

① 將老雞去除內臟，洗淨；豬肚翻轉過來，用鹽、生粉搓擦，然後用水沖洗，反覆幾次。
② 紅棗去核，洗淨；胡椒粒搗爛待用。
③ 把適量清水煮沸，放入全部材料再次煮開後改慢火煲2小時，加鹽調味即可。

胡椒具有祛腥、解油膩、助消化的作用，其芳香的氣味能令人胃口大開，增進食慾。

此款湯水氣味芳香，口感醇滑，具有溫中散寒、祛風止痛、健脾暖胃、增進食慾等功效，常喝此湯使人胃口大開，對胃寒所致的胃腹冷痛、腸鳴腹瀉都有很好的緩解作用。

生薑雞湯

雞肉500克，生薑4片，酒、鹽各適量。

① 雞肉洗淨，切塊。
② 將雞肉放入無油的鍋中炒乾水分。
③ 放入適量的油、薑片，開猛火炒雞肉，加少許酒和適量水，用慢火再煮1小時，調味即可。

煮雞湯前要將雞的皮下油脂去掉，在雞尖附近的可以直接去除雞皮。

此款湯水具有滋補強精、緩解感冒、提高人體免疫力等功效，特別適宜身體虛弱、容易感冒者飲用。

歸黃茯苓烏雞湯

烏雞1隻（約500克），當歸15克，黃芪15克，茯苓15克，鹽適量。

① 烏雞洗淨，斬件。
② 當歸、黃芪、茯苓洗淨。
③ 將適量清水放入煲內，煮沸後加入以上材料，猛火煲滾後改用慢火煲2小時，加鹽調味即可。

烏雞用於食療，多與銀耳、黑木耳、茯苓、山藥、紅棗、冬蟲夏草、蓮子、天麻、芡實、糯米或枸杞子配伍。

此款湯水具有益氣養血、健脾養心、補肝益腎、延緩衰老、強筋健骨之功效，特別適宜體虛血虧、肝腎不足、脾胃不健者飲用。

淮山枸杞煲鴨湯

鴨肉500克，瘦肉250克，淮山30克，枸杞子15克，生薑2片，鹽適量。

① 淮山、枸杞子、生薑洗淨。

② 鴨肉洗淨，斬件，飛水；瘦肉洗淨，切塊，飛水。

③ 將適量清水放入煲內，煮沸後加入以上材料，猛火煲滾後改用慢火煲2小時，加鹽調味即可。

此湯老少皆宜，小朋友飲用此湯可以開胃健食，頭腦聰慧。

此款湯水補而不燥，具有滋陰補氣、溫潤臟器、提神醒腦之功效，特別適宜體弱多病、產後欠補者飲用。

陳皮蜜棗乳鴿湯

 乳鴿1隻（約300克），豬瘦肉250克，蜜棗20克，陳皮10克，鹽適量。

① 將乳鴿宰殺，去毛、內臟，用清水洗淨，豬瘦肉洗淨。
② 陳皮用清水浸軟，洗淨；蜜棗洗淨。
③ 將適量清水放入煲內，煮沸後加入以上材料，猛火煲滾後改用慢火煲2小時，加鹽調味即可。

 鴿肉所含的鈣、鐵、銅等元素及維他命A、維他命B雜、維他命E等都比雞、魚、牛、羊肉含量高。本湯溫燥，肺熱、肺燥咳喘者慎用。

 此款湯水湯味鮮美，具有溫肺化痰、滋養補虛之功效，特別適合肺虛、肺寒引起的久咳不癒，夜間咳多、咳嗽痰白、咳甚氣促者飲用。

花生赤小豆乳鴿湯

乳鴿2隻(約600克),花生100克,赤小豆50克,桂圓肉25克,鹽適量。

① 乳鴿去毛、內臟,洗淨,飛水。
② 花生、赤小豆提前浸泡,洗淨;桂圓肉洗淨。
③ 將適量清水放入煲內,煮沸後加入以上材料,猛火煲滾後改用慢火煲2小時,加鹽調味即可。

鴿肉營養豐富,若選擇油炸方法食用,會降低營養價值,長期食用還易引起身體癌變。

此款湯水具有補血養心、健脾益氣、滋養補虛之功效,特別適宜心血虛少、心悸怔忡、虛煩失眠、唇色淡白、營養不良者飲用。

紅蘿蔔鵪鶉湯

 鵪鶉3隻(約450克),紅蘿蔔300克,百合20克,蜜棗20克,鹽適量。

① 紅蘿蔔去皮洗淨,切塊;百合、蜜棗洗淨。
② 鵪鶉去除內臟,洗淨。
③ 將適量清水放入煲內,煮沸後加入以上材料,猛火煲滾後改用慢火煲2小時,加鹽調味即可。

 此湯清潤滋補,適合全家老少飲用,是秋冬季節的應時湯水。

 此款湯水具有清潤滋補、滋陰健脾、止咳補氣之功效,特別適宜消化不良、身虛體弱、咳嗽哮喘者飲用。

胡椒薑蛋湯

 雞蛋4隻,胡椒粒10克,生薑30克,鹽適量。

① 胡椒洗淨、拍碎;生薑去皮,洗淨切片。
② 燒鍋下花生油、薑片;蛋去殼,入鍋煎至金黃色。
③ 加入適量沸水,放入胡椒,用中火煮30分鐘,加鹽調味即可。

 白胡椒氣味濃烈,溫胃止嘔的作用好;黑胡椒氣味及作用稍次,故本湯以白胡椒為佳。

 此款湯水具有健脾養胃、溫中散寒、祛風止痛、和中止嘔、增進食慾等功效,特別適合胃寒引起的胃痛、嘔吐噁心、喉癢作咳者飲用。

菜乾生魚湯

生魚1條（約500克），豬脊骨250克，菜乾50克，無花果20克，鹽適量。

① 生魚處理好，洗淨；豬脊骨洗淨，斬件。
② 菜乾用水浸泡，洗淨；無花果洗淨。
③ 將適量清水放入煲內，煮沸後加入以上材料，猛火煲滾後改用慢火煲2小時，加鹽調味即可。

生魚出肉率高、肉厚色白、紅肌較少，無小骨，味鮮，以冬季出產為最佳。

此款湯水具有潤肺除燥、補心養陰、補脾利水之功效，特別適宜身體虛弱、脾胃氣虛、營養不良、貧血者飲用。

淮山田雞湯

田雞300克，瘦肉250克，淮山50克，陳皮15克，鹽適量。

① 田雞去皮、內臟，洗淨切件。
② 瘦肉洗淨，切塊；淮山洗淨；陳皮浸軟，洗淨。
③ 將適量清水放入煲內，煮沸後加入以上材料，猛火煲滾後改用慢火煲1.5小時，加鹽調味即可。

常吃淮山可補中益氣，而且淮山中含有多種微量元素，對防老健身、延年益壽均有一定作用。

此款湯水補而不膩，具有健脾益肺、補腎固精、延緩衰老、潤澤肌膚之功效，特別適宜食少倦怠、腎虛遺精、精力不足者飲用。

Part 2
滋補養生老火湯

雙參蜜棗瘦肉湯

 豬瘦肉500克，元參20克，丹參20克，蜜棗15克，鹽適量。

① 豬瘦肉洗淨，切厚塊。
② 元參、丹參、蜜棗洗淨。
③ 將適量清水放入煲內，煮沸後加入以上材料，猛火煲滾後改用慢火煲2小時，加鹽調味即可。

 元參不宜與藜蘆、黃芪、乾薑、大棗、山茱萸同用。

 此款湯水具有壯陽益精、養心潤燥、舒肝益氣之功效，特別適宜腰膝酸冷、夜尿頻多者飲用。

田七海參瘦肉湯

 瘦肉500克，水發海參150克，田七15克，蜜棗15克，鹽適量。

① 瘦肉洗淨，切塊，飛水。
② 海參洗淨，切厚片，飛水；田七洗淨，打碎；蜜棗洗淨。
③ 將適量清水放入煲內，煮沸後加入以上材料，猛火煲滾後改用慢火煲3小時，加鹽調味即可。

 海參如是乾貨，保存時最好放在密封的木箱中，可防潮。

 此款湯水具有滋陰補腎、壯陽益精、健脾養胃、活血止血之功效，特別適宜精力不足、氣血不足、潰瘍者飲用。

淮枸沙蟲瘦肉湯

豬瘦肉500克，沙蟲乾50克，淮山50克，枸杞子30克，桂圓肉25克，生薑2片，鹽適量。

① 豬瘦肉洗淨，切塊，飛水。
② 淮山、枸杞子、桂圓肉浸泡，洗淨；沙蟲乾用溫水浸開，洗淨；薑片洗淨。
③ 將適量清水放入煲內，煮沸後加入以上材料，猛火煲滾後改用慢火煲2小時，加鹽調味即可。

沙蟲乾性平味甘、鹹，保健功效非常大，具有健脾養胃、益氣補血、滋養補虛之功效。

此款湯水氣味清潤，具有壯身體、補脾腎、益氣血、止泄瀉之功效，特別適宜脾腎不足、不思飲食、食少便溏、口渴欲飲、形體瘦弱者飲用。

柏子仁瘦肉湯

瘦肉750克，柏子仁30克，當歸30克，紅棗20克，鹽適量。

① 瘦肉洗淨，切塊，飛水。
② 當歸、柏子仁浸泡30分鐘，洗淨；紅棗去核，洗淨。
③ 將適量清水放入煲內，煮沸後加入以上材料，猛火煲滾後改用慢火煲2小時，加鹽調味即可。

紅棗用於此湯，主要起到養血生髮的作用，去核煲湯可減少燥性。

此款湯水具有活血行血、養血安神、滋潤生髮之功效，特別適宜血虛心悸、精神不振、鬚髮早白、大便不暢者飲用。

蛤蚧瘦肉湯

豬瘦肉500克，蛤蚧1對，蟲草花、蜜棗各15克，鹽適量。

① 豬瘦肉洗淨，切成小塊，放入沸水鍋中焯燙一下，撈出瀝乾。
② 蛤蚧除去竹片，去頭、足，刮去鱗片，切成小塊，放入清水中浸泡片刻；蟲草花、蜜棗洗淨。
③ 將適量清水放入煲內，煮沸後加入以上材料，猛火煲滾後再改用慢火煲3小時，加入鹽調味，即可出鍋裝碗。

蛤蚧入藥多雌雄同用，蛤蚧頭有小毒，煲湯時宜去掉；本湯溫補，外感、肺熱、肺燥咳喘者不宜過多飲用。

此款湯水具有固腎益精、健脾溫肺、定喘止咳之功效，特別適宜肺虛腎虛、咳喘氣促、神疲汗多者飲用。

蓮子芡實瘦肉湯

豬瘦肉500克，蓮子80克，芡實50克，鹽適量。

① 豬瘦肉洗淨，切塊，飛水。
② 蓮子、芡實提前浸泡，洗淨。
③ 將適量清水放入煲內，煮沸後加入以上材料，猛火煲滾後改用慢火煲2小時，加鹽調味即可。

蓮子芯味道極苦，卻有顯著的強心作用，能擴張外周血管，降低血壓；蓮子芯還有很好的袪心火的功效。

此款湯水具有益腎澀精、補脾止瀉之功效，特別適宜脾虛久瀉、遺精帶下、心悸失眠者飲用。

核桃淮山瘦肉湯

豬瘦肉 500 克，核桃肉 60 克，淮山 50 克，芡實 30 克，生薑 2 片，鹽適量。

① 豬瘦肉洗淨，切片，飛水。
② 淮山、芡實提前 1 小時浸泡，洗淨；核桃肉洗淨。
③ 將適量清水放入煲內，煮沸後加入以上材料，猛火煲滾後改用慢火煲 2 小時，加鹽調味即可。

核桃仁含有較多的蛋白質及人體營養必需的不飽和脂肪酸，這些成分皆為大腦組織細胞代謝的重要物質，能滋養腦細胞，增強腦功能。

此款湯水具有滋腎固精、補氣養血、健脾養胃之功效，特別適宜腰膝痹痛、體倦無力、遺精者飲用。

乾貝瘦肉湯

瘦肉 450 克，乾貝 50 克，鹽適量。

① 瘦肉洗淨，切塊，飛水。
② 乾貝浸軟，洗淨。
③ 將適量清水放入煲內，煮沸後加入以上材料，猛火煲滾後改用慢火煲 1~2 小時，加鹽調味即可。

乾貝含豐富的谷氨酸鈉，味道極鮮，與新鮮扇貝相比，腥味大減。

此款湯水具有滋陰補腎、調中下氣之功效，特別適宜腎陰虛弱、神經衰弱、失眠多夢者飲用。

海參燉瘦肉

桑寄生瘦肉湯

瘦肉 250 克，海參 250 克，紅棗 20 克，鹽適量。

豬瘦肉 500 克，桑寄生 20 克，蠔乾 30 克，鹽適量。

① 紅棗去核，洗淨。
② 海參洗淨，切絲；瘦肉洗淨，切片。
③ 將全部用料放入燉盅內，加適量開水，隔水燉 3 小時，加鹽調味即可。

① 豬瘦肉洗淨，切塊，飛水。
② 蠔乾浸泡，洗淨；桑寄生洗淨，浸泡。
③ 將適量清水放入煲內，煮沸後加入以上材料，猛火煲滾後改用慢火煲 2 小時，加鹽調味即可。

漲發好的海參應反覆沖洗，以除去殘留化學成分。

桑寄生味苦、甘，性平，歸肝、腎經；有補肝腎、強筋骨的功效。桑寄生以細嫩、紅褐色、葉多者為佳。

此款湯水具有滋陰補腎、壯陽益精、養心潤燥之功效，特別適宜精力不足、陽痿遺精者飲用。

此款湯水具有補肝益腎、強筋壯骨、祛風滲濕之功效，特別適宜肝腎陰虛、腰膝酸痛、血虛失養者飲用。

節瓜花生豬腱湯

海參裹脊肉湯

豬腱肉500克,節瓜300克,花生100克,蜜棗20克,鹽適量。

豬裹脊肉500克,海參150克,雞蛋角1隻,鹽適量。

① 豬腱肉洗淨,切塊,飛水。
② 節瓜去皮,洗淨切件;花生浸泡1小時,洗淨。
③ 將適量清水放入煲內,煮沸後加入以上材料,猛火煲滾後改用慢火煲2小時,加鹽調味即可。

① 海參洗淨,切段,飛水;豬裹脊肉洗淨,切成大塊,飛水;雞蛋角切成小片。
② 將適量清水放入煲內,煮沸後加入瘦肉、海參,猛火煲滾後改用慢火煲2小時。
③ 加入雞蛋角,加鹽調味即可。

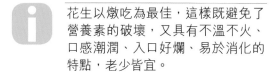

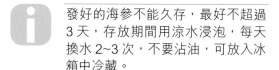

花生以燉吃為最佳,這樣既避免了營養素的破壞,又具有不溫不火、口感潮潤、入口好爛、易於消化的特點,老少皆宜。

發好的海參不能久存,最好不超過3天,存放期間用涼水浸泡,每天換水2~3次,不要沾油,可放入冰箱中冷藏。

此款湯水具有固腰補腎、消除疲勞、醒神補腦、醒脾和胃之功效,特別適宜營養不良、體質虛弱者飲用。

此款湯水具有強身健體、促進人體生長發育、延緩衰老、健膚美容之功效,特別適宜精力不足、氣血不足、神經衰弱者飲用。

杜仲煲脊骨湯

豨薟草脊骨湯

豬脊骨750克，杜仲30克，桑寄生30克，蜜棗20克，鹽適量。

豬脊骨500克，豨薟草30克，蜜棗20克，鹽適量。

① 杜仲、桑寄生浸泡，洗淨；蜜棗洗淨。

② 豬脊骨斬件，洗淨，飛水。

③ 將適量清水放入煲內，煮沸後加入以上材料，猛火煲滾後改用慢火煲3小時，加鹽調味即可。

① 豬脊骨斬件，洗淨，飛水。

② 豨薟草、蜜棗洗淨。

③ 將適量清水注入煲內煮沸，放入全部材料再次煮開後改慢火煲2小時，加鹽調味即可。

杜仲以皮厚而大、粗皮乾淨、內表面暗紫色、斷面銀白膠絲多而長者為佳。

豨薟草藥性平和，具有祛風除濕、通經活絡、清熱解毒之功效，以枝嫩、葉多、色深綠者為佳。

此款湯水具有強身健體、滋補益養、強壯筋骨之功效，特別適宜筋骨酸軟、跌打損傷、肢節疼痛者飲用。

此款湯水具有強筋壯骨、祛風祛濕、鎮靜安神之功效，適宜急慢性風濕關節炎、關節疼痛者飲用。

雙菇脊骨湯

豬脊骨500克，乾茶樹菇100克，冬菇30克，生薑2片，鹽適量。

① 豬脊骨洗淨斬件，飛水待用。
② 茶樹菇浸泡洗淨，去蒂切段；冬菇洗淨待用；老薑去皮，洗淨切片。
③ 將適量清水注入煲內煮沸，放入全部材料再次煮開後改慢火煲2.5小時，加鹽調味即可。

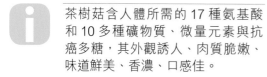
茶樹菇含人體所需的17種氨基酸和10多種礦物質、微量元素與抗癌多糖，其外觀誘人、肉質脆嫩、味道鮮美、香濃、口感佳。

此款湯水清香爽口，具有補虛扶正、強身健體、健脾益氣、開胃消食之功效，特別適宜高血壓、心血管病、肥胖者飲用。

牛大力脊骨湯

豬脊骨750克，牛大力50克，蜜棗20克，鹽適量。

① 牛大力浸泡，洗淨；蜜棗洗淨。
② 豬脊骨洗淨，斬件，飛水。
③ 將適量清水放入煲內，煮沸後加入以上材料，猛火煲滾後改用慢火煲3小時，加鹽調味即可。

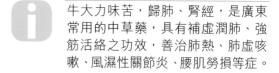
牛大力味苦，歸肺、腎經，是廣東常用的中草藥，具有補虛潤肺、強筋活絡之功效，善治肺熱、肺虛咳嗽、風濕性關節炎、腰肌勞損等症。

此款湯水具有滋補強身、強筋壯骨、舒筋活絡、驅風祛濕之功效，特別適宜腰背酸痛、腰肌勞損、風濕痺痛者飲用。

薏米香附子脊骨湯

豬脊骨 500 克，薏米 50 克，香附子 20 克，鹽適量。

① 薏米提前浸泡 3 小時，洗淨；香附子洗淨。
② 豬脊骨洗淨，斬件，飛水。
③ 將適量清水放入煲內，煮沸後加入以上材料，猛火煲滾後改用慢火煲 2 小時，加鹽調味即可。

薏米較難煮熟，在煮之前需以溫水浸泡 3 小時，讓它充分吸收水分。

此款湯水具有養肝益腎、利濕除痹、理氣解鬱之功效，特別適宜筋脈拘攣、屈伸不利者飲用。

白背葉根豬骨湯

豬脊骨 500 克，白背葉根 100 克，鹽適量。

① 白背葉根浸泡 1 小時，洗淨。
② 豬脊骨洗淨，斬成塊狀，飛水。
③ 將適量清水放入煲內，煮沸後加入以上材料，猛火煲滾後改用慢火煲 2 小時，加鹽調味即可。

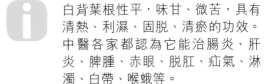
白背葉根性平，味甘、微苦，具有清熱、利濕、固脫、清瘀的功效。中醫各家都認為它能治腸炎、肝炎、脾腫、赤眼、脫肛、疝氣、淋濁、白帶、喉蛾等。

此款湯水具有補陰益髓、活血祛瘀、舒肝利濕之功效，特別適宜腰骨閃傷、產後風癱者飲用。

木瓜花生排骨湯

豬排骨 500 克，木瓜 250 克，花生 50 克，紅棗 20 克，鹽適量。

① 木瓜去皮、子，洗淨切成大塊；花生浸泡 30 分鐘，洗淨；紅棗洗淨，去核。
② 排骨洗淨，斬件，飛水。
③ 將適量清水放入煲內，煮沸後加入以上材料，猛火煲滾後改用慢火煲 2 小時，加鹽調味即可。

木瓜中含有大量水分、碳水化合物、蛋白質、脂肪、多種維他命及多種人體必需的氨基酸，可有效補充人體的養分，增強身體的抗病能力。

此款湯水具有養顏補血、滋潤皮膚、潤腸通便之功效，特別適宜消化不良、營養不良、產婦乳少者飲用。

黑豆紅棗排骨湯

豬排骨 500 克，黑豆 100 克，紅棗 25 克，生薑 1 片，鹽適量。

① 黑豆提前半天浸泡，洗淨；紅棗洗淨，去核。
② 豬排骨洗淨，斬件，飛水。
③ 將適量清水放入煲內，煮沸後加入以上材料，猛火煲滾後改用慢火煲 2 小時，加鹽調味即可。

黑豆皮為黑色，含有花青素，花青素是很好的抗氧化劑來源，能清除體內自由基，尤其是在胃的酸性環境下，抗氧化效果好，養顏美容，促進腸胃蠕動。

此款湯水補而不燥，具有強壯身體、健脾開胃、補腎益陰、補血養顏之功效，特別適宜體質虛弱、貧血者飲用。

黃豆排骨湯

豬排骨500克，黃豆200克，鹽
適量。

① 豬排骨洗淨，斬件。
② 黃豆提前30分鐘浸泡，洗淨。
③ 將適量清水注入煲內煮沸，放
　入全部材料再次煮開後改慢火
　煲2小時，加鹽調味即可。

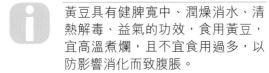
黃豆具有健脾寬中、潤燥消水、清
熱解毒、益氣的功效，食用黃豆，
宜高溫煮爛，且不宜食用過多，以
防影響消化而致腹脹。

此款湯水具有強筋壯骨、祛濕消
水、健脾寬中、清熱解毒之功效，
適宜濕熱痰滯、氣血不足、陰虛納
差者飲用。

淮杞紅棗豬蹄湯

豬蹄500克，淮山50克，枸杞子
30克，紅棗20克，鹽適量。

① 淮山、枸杞子浸泡，洗淨；紅
　棗去核，洗淨。
② 豬蹄洗淨，斬件，飛水。
③ 將適量清水放入煲內，煮沸後加
　入以上材料，猛火煲滾後改用
　慢火煲3小時，加鹽調味即可。

此湯可加入瘦肉一起煲製，這樣不
但可以讓此湯營養更加豐富，亦可
增加湯的鮮味。

此款湯水具有強筋壯骨、健脾養血、
益腎填精之功效，特別適宜酸軟乏
力、肢體痹痛、氣血不足者飲用。

雞血藤豬蹄湯

豬蹄750克，雞血藤50克，紅棗20克，生薑2片，鹽適量。

① 雞血藤浸泡，洗淨；紅棗去核，洗淨；生薑切片。
② 豬蹄淨毛，洗淨斬件，飛水。
③ 將適量清水放入煲內，煮沸後加入以上材料，猛火煲滾後改用慢火煲3小時，加鹽調味即可。

紅棗補益養血，煲湯時去核可以減少燥性。本湯偏溫，濕熱痹痛者不宜多飲。

此款湯水具有祛風通絡、補血活血、強筋壯骨之功效，特別適宜腰膝酸軟、關節疼痛、肢體麻痹者飲用。

蓮藕赤小豆豬踭湯

豬踭肉500克，蓮藕250克，赤小豆100克，鹽適量。

① 蓮藕去皮，洗淨，切塊；赤小豆浸泡1小時，洗淨。
② 豬踭肉洗淨，切塊，飛水。
③ 將適量清水放入煲內，煮沸後加入以上材料，猛火煲滾後改用慢火煲2小時，加鹽調味即可。

豬踭肉是豬手以上部位的肉。食用蓮藕要挑選外皮呈黃褐色、肉肥厚而白的，如果發黑，有異味，則不宜食用。

此款湯水具有滋陰補血、健身強體、益胃健脾、養血補益之功效，特別適宜煩躁口渴、脾虛泄瀉、食慾缺乏者飲用。

熟地首烏豬蹄湯

豬蹄750克，熟地黃30克，何首烏20克，松子仁20克，生薑3片，鹽適量。

① 熟地黃、何首烏浸泡，洗淨；松子仁洗淨。
② 豬蹄洗淨，斬件，飛水。
③ 將適量清水放入煲內，煮沸後加入以上材料，猛火煲滾後改用慢火煲3小時，加鹽調味即可。

中醫認為豬蹄性平，味甘鹹，是一種類似熊掌的美味菜餚及治病"良藥"。

此款湯水具有補血強筋、健體強魄、潤腸通便之功效，特別適宜腰腳軟弱無力、年老體弱者、便秘者飲用。

花生雞腳豬蹄湯

豬蹄500克，雞腳250克，花生100克，眉豆50克，芡實30克，紅棗20克。陳皮1小片，鹽適量。

① 花生、眉豆、芡實浸泡1小時，洗淨；紅棗去核，洗淨；陳皮浸軟，洗淨。
② 豬蹄洗淨，切塊，飛水；雞腳洗淨，飛水。
③ 將適量清水放入煲內，煮沸後加入以上材料，猛火煲滾後改用慢火煲3小時，加鹽調味即可。

雞腳也稱雞掌、鳳爪、鳳足，多皮、筋，膠質大，常用於煲湯。

此款湯水具有補虛弱、填腎精、健腰膝之功效，特別適宜年老體弱、腰腳軟弱無力者飲用。

蓮藕紅棗豬蹄湯

 豬蹄750克，蓮藕500克，紅棗20克，鹽適量。

① 蓮藕去皮，洗淨，切成塊狀；紅棗去核，洗淨。
② 豬蹄洗淨，斬件，飛水。
③ 將適量清水放入煲內，煮沸後加入以上材料，猛火煲滾後改用慢火煲3小時，加鹽調味即可。

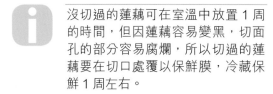
沒切過的蓮藕可在室溫中放置1周的時間，但因蓮藕容易變黑，切面孔的部分容易腐爛，所以切過的蓮藕要在切口處覆以保鮮膜，冷藏保鮮1周左右。

此款湯水具有健腰強膝、補血益氣、滋陰養胃、益血生肌之功效，特別適宜老幼婦孺、體弱多病、食慾缺乏者飲用。

巴戟天杜仲豬蹄湯

 豬蹄750克，花生100克，巴戟天30克，杜仲30克，蜜棗15克，鹽適量。

① 花生、巴戟天、杜仲浸泡，洗淨；蜜棗洗淨。
② 豬蹄刮洗乾淨，剁成小塊，放入清水鍋中燒沸，焯燙一下，撈出瀝水。
③ 鍋中加入適量清水燒沸，放入以上材料，猛火煲滾後，轉慢火煲3小時，加入鹽調味，裝碗即可。

在製作前，要檢查好所購豬蹄是否有局部潰爛現象，以防口蹄疫傳播給食用者。

此款湯水具有補肝益腎、強筋壯骨、養血利腰之功效，特別適宜由於肝腎不足引起腰膝酸軟、麻痹疼痛、萎軟無力者飲用。

杜仲巴戟豬尾湯

 豬尾1隻（約500克），杜仲30克，巴戟天30克，蜜棗15克，鹽適量。

① 杜仲、巴戟天浸泡，洗淨；蜜棗洗淨。
② 豬尾洗淨，斬件，飛水。
③ 將適量清水放入煲內，煮沸後加入以上材料，猛火煲滾後改用慢火煲3小時，加鹽調味即可。

 豬尾連尾椎骨一道熬湯，具有補陰益髓的效果，可改善腰酸背痛，預防骨質疏鬆。

 此款湯水具有益精壯陽、壯腰固腎、強筋健骨之功效，特別適宜腰酸腿軟、腰膝冷痛、陽痿尿多者飲用。

寬筋藤豬尾湯

豬尾1隻（約500克），寬筋藤30克，蜜棗20克，鹽適量。

① 豬尾洗淨斬件，飛水待用。
② 寬筋藤、蜜棗洗淨。
③ 將適量清水注入煲內煮沸，放入全部材料再次煮開後改慢火煲3小時，加鹽調味即可。

 豬尾連尾椎骨一道熬湯，具有補陰益髓的效果，可改善腰酸背痛，預防骨質疏鬆；在青少年發育過程中，可促進骨骼生長，中老年人食用則可延緩骨質老化、早衰。

 此款湯水具有驅風祛濕、舒筋活絡、壯骨健腰之功效，適宜關節伸展不利、腰背疼痛、風濕熱痹、筋脈拘攣者飲用。

核桃杜仲豬腰湯

桑甚豬腰湯

豬腰2隻（約450克），豬脊骨250克，核桃肉60克，杜仲30克，蜜棗15克，鹽適量。

豬腰2隻（約450克），瘦肉250克，桑甚50克，蜜棗15克，生薑2片，鹽適量。

① 杜仲浸泡，洗淨；核桃肉、蜜棗洗淨。
② 豬脊骨洗淨，斬件，飛水；豬腰對半切開，洗淨，飛水。
③ 將適量清水放入煲內，煮沸後加入以上材料，猛火煲滾後改用慢火煲3小時，加鹽調味即可。

① 桑甚浸泡，洗淨；蜜棗洗淨；生薑洗淨，切片。
② 豬腰切開，剔除白色筋膜，洗淨，飛水；瘦肉洗淨，切塊，飛水。
③ 將適量清水放入煲內，煮沸後加入以上材料，猛火煲滾後改用慢火煲2小時，加鹽調味即可。

豬腰即豬腎，補腎固腎，以臟補臟；豬腰清洗時要剔除白色筋膜，這樣可以去除異味。

桑甚含有豐富的活性蛋白、維他命、氨基酸、胡蘿蔔素、礦物質等成分，具有滋補潤膚之功效。

此款湯水具有滋補強腎、澀精止遺、補腎固腎之功效，特別適宜下肢無力、腰膝酸冷、遺精滑泄、陽痿早泄者飲用。

此款湯水具有益肝補腎、滋養補益、潤澤肌膚之功效，特別適宜虛煩夢多、頭暈耳鳴、頭髮早白者飲用。

冬瓜薏米豬腰湯

豬腰2隻（約500克），冬瓜250克，薏米50克，淮山30克，黃芪20克，香菇15克，鹽適量。

① 豬腰洗淨，切片，飛水。
② 冬瓜削皮去核，切成塊狀；香菇浸泡，洗淨去蒂；薏米、淮山、黃芪浸泡，洗淨。
③ 將適量清水放入煲內，煮沸後加入以上材料，猛火煲滾後改用慢火煲2小時，加鹽調味即可。

豬腰切片後，為去臊味，可用蔥薑汁泡約2小時，換兩次清水，泡至腰片發白膨脹即可。

此款湯水具有強腰健體、補腎益氣、健脾養胃之功效，特別適宜腰酸腰痛、遺精盜汗、腎虛耳聾者飲用。

杜仲豬腰湯

豬腰2隻（約450克），杜仲20克，酒少許，鹽適量。

① 豬腰剖開，洗淨，切成小塊，飛水。
② 杜仲浸泡，洗淨。
③ 將全部用料放入燉盅內，加適量開水，隔水燉3小時，加鹽調味即可。

豬腰會有腥味，在燒豬腰時加入適量的黃酒可以消除，如果豬腰非常腥，再放少許醋，就可以全部清除豬腰的腥味了。

此款湯水具有補腎壯陽、強筋壯骨、促腰膝之功效，特別適宜腰酸腿疼、陽痿遺精、性慾減退者飲用。

桂圓當歸豬腰湯

蟲草花煲雞湯

豬腰2隻（約500克），桂圓肉30克，當歸20克，紅棗15隻，鹽適量。

光雞1隻（約500克），豬瘦肉250克，蟲草花20克，桂圓肉20克，鹽適量。

① 豬腰洗淨，切成片狀，飛水。
② 當歸、桂圓肉浸泡，洗淨；紅棗去核，洗淨。
③ 將適量清水放入煲內，煮沸後加入以上材料，猛火煲滾後改用慢火煲2小時，加鹽調味即可。

① 光雞洗淨，斬件；豬瘦肉洗淨，切塊，飛水。
② 桂圓、蟲草花分別浸泡30分鐘，洗淨。
③ 將適量清水放入煲內，煮沸後加入以上材料，猛火煲滾後改用慢火煲3小時，加鹽調味即可。

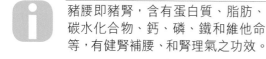
豬腰即豬腎，含有蛋白質、脂肪、碳水化合物、鈣、磷、鐵和維他命等，有健腎補腰、和腎理氣之功效。

蟲草花並非花，它是人工培養的蟲草子實體，屬於一種菌類。蟲草花外觀最大的特點是沒有蟲體，只有橙色或黃色的"草"，而功效則和蟲草差不多，具有滋肺補腎、護肝、抗氧化、防衰老、抗菌消炎、鎮靜、降血壓、提高身體免疫力等作用。

此款湯水具有補腎益精、強腰益氣、強壯身體之功效，特別適宜腰酸腰痛、遺精、盜汗者飲用。

此款湯水具有益精補髓、滋陰補血、補腎潤肺、溫中益氣之功效，特別適宜病後體弱、腎虛陽痿、腰膝酸痛者飲用。

響螺淮杞雞湯

光雞1隻(約500克)，豬瘦肉150克，響螺肉150克，淮山50克，枸杞子20克，桂圓肉20克，生薑2片，鹽適量。

① 光雞洗淨備用。
② 響螺肉洗淨，飛水；豬瘦肉洗淨，飛水；淮山、枸杞子、桂圓肉洗淨。
③ 將適量清水放入煲內，煮沸後加入以上材料，猛火煲滾後改用慢火煲2小時，加鹽調味即可。

淮山富含黏蛋白、生粉酶、皂甙、游離氨基酸的多酚氧化酶等物質，為病後康復食補之佳品。

此款湯水味道鮮甜，具有滋陰潤燥、健脾養胃、安定睡眠之功效，特別適宜體質虛弱、腰膝酸軟、食慾缺乏者飲用。

丹田清雞湯

光雞1隻(約500克)，丹參20克，西洋參20克，田七15克，鹽適量。

① 光雞洗淨，斬件。
② 丹參浸泡2小時，洗淨；田七洗淨，切片；西洋參洗淨。
③ 將適量清水放入煲內，煮沸後加入以上材料，猛火煲滾後改用慢火煲3小時，加鹽調味即可。

在眾多參中，只有西洋參性涼，所以最適合夏季食用，同時亦較適合煩躁、年青、煙酒過多的人。西洋參最好在空腹時服用，因為此時胃部的吸收力較好，更容易顯現效果。

此款湯水具有壯骨健腰、舒筋活絡、驅風祛濕之功效，特別適宜關節伸展不利、腰背疼痛、風濕熱痹、筋脈拘攣者飲用。

淮山杞子烏雞湯

烏雞1隻（約500克），淮山50克，枸杞子20克，鹽適量。

① 淮山、枸杞子洗淨。
② 烏雞清洗乾淨，斬件，飛水。
③ 把全部材料放入燉盅內，加入適量開水，隔水燉3小時，加鹽調味即可。

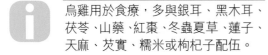
烏雞用於食療，多與銀耳、黑木耳、茯苓、山藥、紅棗、冬蟲夏草、蓮子、天麻、芡實、糯米或枸杞子配伍。

此款湯水具有補肝益腎、健脾補肺、強壯身體、延年益壽之功效，特別適宜脾胃虛弱、倦怠無力、食慾缺乏、肺氣虛燥者飲用。

核桃肉烏雞湯

烏雞1隻（約500克），核桃肉50克，何首烏30克，紅棗30克，鹽適量。

① 何首烏、核桃肉洗淨；紅棗去核，洗淨。
② 烏雞去毛、內臟、脂肪，洗淨，飛水。
③ 將適量清水放入煲內，煮沸後加入以上材料，猛火煲滾後改用慢火煲3小時，加鹽調味即可。

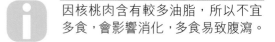
因核桃肉含有較多油脂，所以不宜多食，會影響消化，多食易致腹瀉。

此款湯水具有補血生髮、益腎固腎、健脾養胃之功效，特別適宜頭暈眼花、腎虛脫髮、夜多小便、鬚髮早白者飲用。

田七木耳烏雞湯

烏雞1隻（約500克），田七15克，黑木耳15克，鹽適量。

① 田七浸泡，洗淨，打碎；黑木耳浸泡，洗淨。
② 烏雞去毛、內臟，洗淨，飛水。
③ 將適量清水放入煲內，煮沸後加入以上材料，猛火煲滾後改用慢火煲3小時，加鹽調味即可。

田七以體重、質堅、表面光滑、斷面灰綠色或黃綠色者為佳。

此款湯水具有滋補強身、止血止痛、活血行淤之功效，特別適宜作為婦女剖宮產後、流產後的調養湯品。

阿膠雞絲湯

雞胸肉150克，阿膠30克，鹽適量。

① 雞胸肉洗淨，切絲。
② 煲內注入適量清水煮沸，放入阿膠煮至阿膠溶化。
③ 加入雞絲，煮至雞絲熟，加鹽調味即可。

阿膠有一股特殊的膻味，不易被人接受，但通過不同的製作方法，可以消除膻味，如本湯所介紹的製作方法，既省時方便，又能減少膻味。

此款湯水具有補血滋陰、養血調經之功效，特別適宜婦女陰血不足、月經漏下不止、面黃眩暈、心煩不眠者飲用。

淮山麥芽雞胗湯

豬瘦肉500克，鮮雞胗250克，淮山50克，麥芽30克，蓮子30克，蜜棗20克，鹽適量。

① 雞胗洗淨，飛水；豬瘦肉洗淨，切塊，飛水。
② 淮山、麥芽、蓮子分別浸泡30分鐘，洗淨；蜜棗洗淨。
③ 將適量清水放入煲內，煮沸後加入以上材料，猛火煲滾後改用慢火煲2小時，加鹽調味即可。

購買雞胗時要叮囑賣主不要撕下雞內金，買回後用生粉、花生油、反覆搓擦，洗淨，飛水。

此款湯水味道鮮美，具有滋潤益養、益肺固腎、健脾開胃之功效，特別適宜於病後需調理、唇色淡白、面色無華、食慾缺乏者飲用。

牛膝雞腳湯

雞腳450克，桑寄生15克，牛膝15克，蜜棗15克，鹽適量。

① 桑寄生、牛膝洗淨。
② 雞腳洗淨，放入沸水中煮5分鐘，撈起備用。
③ 將適量清水注入煲內煮沸，放入全部材料再次煮開後改慢火煲2小時，加鹽調味即可。

牛膝具有活血祛瘀、強筋骨、引血下行、利尿之功效。以根長、肉肥、皮細、黃白色者為佳。

此款湯水具有強筋健骨、祛風祛濕、舒筋活絡、平補肝腎之功效，適宜腰膝酸痛、筋骨無力、風濕痺痛者飲用。

花生眉豆雞腳湯

雞腳500克，花生100克，眉豆100克，蜜棗20克，鹽適量。

① 雞腳洗淨，飛水，備用。
② 眉豆、花生浸泡1小時，洗淨；蜜棗洗淨。
③ 將適量清水放入煲內，煮沸後加入以上材料，猛火煲滾後改用慢火煲2小時，加鹽調味即可。

花生用於煲湯，不需要去皮，因為花生衣具有很多好處。花生衣的止血作用比花生高出50倍，有良好的止血功效。

此款湯水具有強筋壯骨、利濕滲透、利水消腫、健脾醒胃之功效，特別適宜脾胃虛濕、頭身困重、腰腳無力者飲用。

馬蹄冬菇雞腳湯

雞腳450克，馬蹄100克，冬菇60克，鹽適量。

① 冬菇浸泡2小時，洗淨去蒂；馬蹄去皮，洗淨。
② 雞腳清洗乾淨，飛水。
③ 將適量清水放入煲內，煮沸後加入以上材料，猛火煲滾後改用慢火煲2小時，加鹽調味即可。

馬蹄味甘，性寒，能清肺熱，又富含黏液質，有生津潤肺、化痰利腸、通淋利尿、消癰解毒、涼血化濕、消食除脹的功效。

此款湯水潤而不燥，具有強壯筋骨、生津潤肺、清潤開胃、涼血化濕、消食行滯之功效，特別適宜筋骨酸痛、外感風熱、熱病消渴、咽喉腫痛、小便赤熱短少者飲用。

花膠冬菇雞腳湯

黃豆排骨雞腳湯

雞腳500克，花膠150克，冬菇20克，生薑2片，鹽適量。

雞腳500克，排骨250克，黃豆50克，紅棗20克，生薑2片，鹽適量。

① 把雞腳去掉黃皮，斬去趾甲，用清水洗淨，放入沸水鍋內焯燙一下，撈出換清水洗淨。

② 將花膠用溫水浸泡至發脹，再換清水洗淨，切成小塊；冬菇用溫水浸泡至軟，去蒂，洗淨後瀝水。

③ 將適量清水放入鍋內煮沸，加入雞腳、花膠、冬菇和薑片，猛火煲滾後改用慢火煮2小時至熟爛，加入鹽調味，出鍋裝碗即可。

① 雞腳切去趾甲，洗淨，飛水；排骨洗淨，斬件，飛水。

② 黃豆提前3小時浸泡，洗淨；紅棗洗淨。

③ 將適量清水放入煲內，煮沸後加入以上材料，猛火煲滾後改用慢火煲2小時，加鹽調味即可。

黃豆宜高溫煮爛食用，不宜食用過多，以防消化不良而致腹脹。

此款湯水具有舒筋活絡、強筋健骨、祛風理濕之功效，特別適宜關節伸展不利、腰背疼痛者飲用。

花膠宜用冷水浸發，一般不用熱水浸發，以免破壞營養成分。

此款湯水具有強筋健骨、滋陰補氣、祛風濕、增加蛋白質之功效，特別適宜體弱多病、滑精遺精、腰膝酸痛者飲用。

靈芝煲老鴨湯

 老鴨1隻（約750克），靈芝40克，蜜棗10克，陳皮1小片，鹽適量。

① 靈芝、蜜棗洗淨；陳皮浸軟，洗淨。
② 老鴨洗淨，剁成塊，下入沸水鍋中焯透，撈出瀝乾。
③ 將清水放入煲內燒沸，加入以上原料，猛火煲沸後改用慢火煲3小時，加鹽調味即可。

 靈芝含有多種氨基酸、蛋白質、生物鹼、香豆精、甾類、三萜類、揮發油、甘露醇、樹脂及糖類、維他命 B2、維他命 C、內酯和酶類。

 此款湯水補而不燥，具有強身健體、潤肺補腎、養陰止咳之功效，特別適宜陰虛體瘦、食慾缺乏者飲用。

花膠燉老鴨湯

 鴨肉400克，淮山50克，花膠、枸杞子各20克，鹽適量。

① 將花膠用清水浸泡發透，洗淨、瀝水，切成絲；淮山、枸杞子用清水洗淨。
② 鴨肉用清水洗淨，斬件，飛水。
③ 將鴨肉塊放入燉盅內，再放入花膠絲、淮山、枸杞子，加入適量開水，然後放入蒸鍋中隔水燉約3小時，加鹽調味即可。

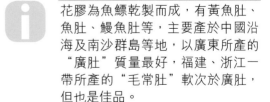 花膠為魚鰾乾製而成，有黃魚肚、魚肚、鰻魚肚等，主要產於中國沿海及南沙群島等地，以廣東所產的"廣肚"質量最好，福建、浙江一帶所產的"毛常肚"軟次於廣肚，但也是佳品。

 此款湯水具有滋陰美顏、補中益氣、旺血養血、開胃消食之功效，特別適宜滑精遺精、帶下者飲用。

蟲草花鵪鶉湯

鵪鶉 2 隻（約 300 克），南北杏仁 20 克，蟲草花 20 克，蜜棗 15 克，鹽適量。

① 蟲草花用清水浸泡，洗淨、瀝水；南北杏仁、蜜棗洗淨。
② 鵪鶉宰殺，去毛、除內臟，用清水洗淨，飛水。
③ 將以上材料放入燉盅內，注入適量冷開水，隔水燉 4 小時，加鹽調味即可。

杏仁有小毒，煲湯前多用溫水浸泡，除去皮、尖，以減少毒性，且不宜食用過量。

此款湯水具有溫肺固腎、滋養補虛、止咳平喘之功效，特別適宜由於肺腎不足引起的咳嗽、氣促者飲用。

人參鵪鶉湯

鵪鶉 2 隻（約 300 克），豬瘦肉 350 克，鮮人參 40 克，桂圓肉 20 克，鹽適量。

① 鵪鶉殺好，清洗乾淨；豬瘦肉洗淨，切厚片。
② 鮮人參、桂圓肉洗淨。
③ 把適量清水煮沸，放入全部材料。再次煮開後改慢火煲 3 小時，加鹽調味即可。

鵪鶉肉含豐富的卵磷脂，可生成溶血磷脂，具有抑制血小板凝聚的作用，可阻止血栓形成，保護血管壁，阻止動脈硬化。磷脂是高級神經活動不可缺少的營養物質，具有健腦作用。

此款湯水具有強身健體、消疲提神、補中益氣、健脾益肺、寧心益智、養血生津之功效，適宜心氣虛衰、身虛體弱、咳嗽哮喘、失眠多夢、神經衰弱者飲用。

節瓜芡實鵪鶉湯

鵪鶉3隻(約450克),豬瘦肉250克,節瓜400克,芡實50克,薑片15克,鹽適量。

① 鵪鶉宰殺,去毛及內臟,洗淨,放入沸水中焯燙一下,撈出;豬瘦肉洗淨,切成塊,飛水。

② 芡實用清水浸泡1小時,洗淨;節瓜去皮,洗淨,切成大塊;生薑洗淨,切片。

③ 鍋中加入適量清水煮沸,再放入鵪鶉、豬瘦肉、節瓜、芡實、薑片煮沸,再改用慢火煲約2小時,加入鹽調味即成。

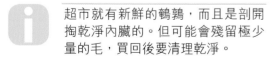

超市就有新鮮的鵪鶉,而且是剖開掏乾淨內臟的。但可能會殘留極少量的毛,買回後要清理乾淨。

此款湯水具有清潤滋補、補中益氣之功效,特別適宜營養不良、體虛乏力、貧血頭暈、腎炎水腫者飲用。

蛤蚧鵪鶉湯

鵪鶉2隻(約300克),蛤蚧1對,生薑2片,鹽適量。

① 蛤蚧除去竹片,去頭、足,刮去鱗片,切成小塊,浸泡。

② 鵪鶉去毛、內臟,洗淨,飛水。

③ 將適量清水放入煲內,煮沸後加入全部材料,猛火煲滾後改用慢火煲3小時,加鹽調味即可。

蛤蚧以體大、肥壯、尾全、不破碎者為佳。

此款湯水具有溫腎助陽、益肺定喘之功效,特別適宜腰酸腳軟、腎虛陽痿、記憶力衰退者飲用。

蓮子淮山老鴿湯

老鴿1隻(約400克)，豬排骨250克，蓮子50克，淮山30克，桂圓肉20克，鹽適量。

① 老鴿宰殺好，去毛、內臟，洗淨，飛水；豬排骨洗淨，斬件，飛水。
② 蓮子、淮山、桂圓肉浸泡，洗淨。
③ 將適量清水放入煲內，煮沸後加入以上材料，猛火煲滾後改用慢火煲3小時，加鹽調味即可。

蓮子浸泡以後，應將蓮子芯去掉，以免影響此湯整體的味道。

此款湯水具滋腎益氣、降血壓、益精血、暖腰膝之功效，特別適宜腎虛體弱、四肢酸軟者飲用。

淮山芡實老鴿湯

老鴿1隻(約400克)，豬腱肉250克，淮山50克，芡實50克，桂圓肉30克，生薑2片，鹽適量。

① 老鴿宰殺，去毛、內臟，洗淨，飛水；豬腱肉洗淨，切塊，飛水。
② 芡實浸泡2小時，洗淨；淮山、桂圓肉洗淨。
③ 將適量清水放入煲內，煮沸後加入以上材料，猛火煲滾後改用慢火煲2小時，加鹽調味即可。

淮山用鮮品或乾品皆可，功效相差不大；如用鮮淮山，去皮切片後需立即浸泡在鹽水中，以防氧化變黑。

此款湯水具有滋陰補血、補氣健脾、開胃消食之功效，特別適宜脾胃氣虛、飲食減少、肢體微腫、心悸失眠、神經衰弱者飲用。

淮杞煲乳鴿湯

 乳鴿1隻（約300克），豬瘦肉150克，淮山30克，枸杞子20克，川貝母15克，生薑2片，鹽適量。

① 乳鴿殺好，去毛、內臟，洗淨，飛水；豬瘦肉洗淨，切塊，飛水。
② 淮山、枸杞子、川貝母浸泡30分鐘，洗淨。
③ 將適量清水放入煲內，煮沸後加入以上材料，猛火煲滾後改用慢火煲2小時，加鹽調味即可。

 乳鴿肉含有較多的支鏈氨基酸和精氨酸，可促進體內蛋白質的合成，加快創傷癒合。

 此款湯水具有溫補滋潤、健肺祛痰、滋補肝腎之功效，特別適宜腎虛體弱、心神不寧、體力透支者飲用。

核桃芝麻乳鴿湯

 乳鴿1隻（約300克），瘦肉250克，核桃肉50克，黑芝麻30克，蜜棗20克，鹽適量。

① 乳鴿去毛、內臟，洗淨，飛水；瘦肉洗淨，切塊，飛水。
② 黑芝麻、核桃肉、蜜棗洗淨。
③ 將適量清水放入煲內，煮沸後加入以上材料，猛火煲滾後改用慢火煲3小時，加鹽調味即可。

 芝麻仁外面有一層稍硬的膜，碾碎後食用才能使人體吸收到營養，所以整粒的芝麻應加工後再吃。

 此款湯水甘甜滋潤，具有滋陰養血、黑髮生髮、養肝固腎之功效，特別適宜腎虛、鬚髮早白、脫髮、大便不暢者飲用。

肉蓯蓉紅棗乳鴿湯

乳鴿1隻（約300克），肉蓯蓉20克，紅棗20克，生薑2片，鹽適量。

① 肉蓯蓉洗淨；紅棗洗淨，去核。
② 乳鴿去除內臟，洗淨，飛水。
③ 將適量清水放入煲內，煮沸後加入以上材料，猛火煲滾後改用慢火煲2小時，加鹽調味即可。

ⓘ 肉蓯蓉有淡蓯蓉和鹹蓯蓉兩種，淡蓯蓉以個大身肥、鱗細、顏色灰褐色至黑褐色、油性大、莖肉質而軟者為佳；鹹蓯蓉以色黑質糯、細鱗粗條、體扁圓形者為佳。

此款湯水具有補腎助陽、益精養血、潤腸通便之功效，特別適宜腎陽虛衰、精血虧損、腰膝冷痛者飲用。

紅棗雞蛋湯

雞蛋30克，紅棗20克，桂圓肉20克，鹽適量。

① 紅棗去核，洗淨，切成絲狀；桂圓肉浸泡，洗淨。
② 煲內注入適量清水，放入紅棗、桂圓肉，中火煮20分鐘。
③ 將雞蛋去殼，打入湯內，煮15分鐘即可。

ⓘ 本湯功效顯著，製作簡便，若喜歡喝甜湯之人，在煲湯時把鹽改成冰糖即可。

此款湯水具有健脾養胃、養血調經之功效，特別適宜經後、產後血虛引起的頭暈、眼花、心悸、精神疲乏者飲用。

阿膠雞蛋湯

雞蛋1隻，阿膠30克，冰糖適量。

① 煲內注入適量清水煮沸，放入阿膠、冰糖。
② 用中火煮至阿膠、冰糖完全溶化。
③ 打入雞蛋，將雞蛋攪成蛋花狀，煮10分鐘即可。

阿膠不宜直接煎，須單獨加水蒸化；新熬製的阿膠不宜食用，以免"上火"。

此款湯水具有養血止血、滋陰養顏、調經之功效，特別適宜婦女陰血不足、月經不調者飲用。

桑寄生首烏雞蛋湯

雞蛋3隻，桑寄生30克，何首烏30克，蜜棗15克，鹽適量。

① 桑寄生、何首烏浸泡，洗淨；蜜棗洗淨。
② 雞蛋原隻洗淨，與所有材料一同放入煲內，煮至雞蛋熟透，取出去殼。
③ 雞蛋去殼後放入煲內，慢火煲1.5小時，加鹽調味即可。

何首烏忌與豬血、羊血、無鱗魚、葱、蒜、蘿蔔一起食用。

此款湯水具有滋陰養血、烏髮養髮、益肝固腎之功效，特別適宜腿酸乏力、頭暈眼花、鬚髮早白者飲用。

桑寄生黑米雞蛋湯

雞蛋1隻，桑寄生30克，黑米30克，蜜棗15克，鹽適量。

① 桑寄生、黑米、蜜棗洗淨；雞蛋原隻洗淨；將雞蛋、桑寄生放入煲內煮30分鐘。
② 煲至雞蛋熟透後，取出去殼。
③ 將去殼雞蛋與黑米一同放回煲內，煮開後煲1小時，加鹽調味即可。

黑米的米粒外部有一層堅韌的種皮包裹，不易煮爛，故黑米在烹製之前應浸泡。

此款湯水具有養血調經、益肝固腎、養陰潤燥之功效，特別適宜腰膝酸軟、四肢麻木乏力、月經紊亂者飲用。

黑米紅棗雞蛋湯

雞蛋2隻，黑米20克，紅棗20克，祈艾10克，蜜棗15克，鹽適量。

① 雞蛋洗淨，煮熟後去殼，備用。
② 祈艾洗淨，浸泡；黑米洗淨，浸泡；紅棗去核，洗淨；蜜棗洗淨。
③ 將適量清水放入煲內，煮沸後加入以上材料，猛火煲滾後改用慢火煲1小時，加鹽調味即可。

本湯中加入黑米，既有利於保護胃腸黏膜，又有利於藥物的吸收。

此款湯水具有滋陰補血、調經之功效，特別適宜月經失調者飲用。

桑甚黑米雞蛋湯

 雞蛋2隻，桑甚30克，黑米20克，紅棗20顆，黑棗15顆，鹽適量。

① 桑甚浸泡，洗淨；黑米浸泡，洗淨；紅棗去核，洗淨；黑棗洗淨。
② 雞蛋原隻洗淨，與紅棗、黑棗、桑甚一同放入煲內，煮至雞蛋熟透，取出去殼。
③ 雞蛋去殼後與黑米一同放入煲內，慢火煲 2 小時，加鹽調味即可。

 常吃桑甚能顯著提高人體免疫力，具有延緩衰老、美容養顏的功效。

 此款湯水具有滋陰補血、益肝固腎、養血生髮之功效，特別適宜眩暈耳鳴、心悸失眠、鬚髮早白者飲用。

北芪鯽魚湯

鯽魚1條(約500克),北芪20克,生薑3片,鹽、素油各適量。

① 將北芪用清水浸泡,洗淨、瀝水;鯽魚去鱗、去鰓,剖腹除去內臟,洗淨。
② 鍋置火上,加入素油燒沸,下入薑片略煎,再放入鯽魚煎至金黃色。
③ 將適量清水放入煲內,煮沸後加入以上材料,猛火煲滾後改用小火煲2小時,加鹽調味即可。

鯽魚不宜和大蒜、砂糖、芥菜、沙參、蜂蜜、豬肝、雞肉、野雞肉、鹿肉以及中藥麥冬、厚朴一同食用。

此款湯水具有強身壯體、固表斂汗、利水消腫之功效,特別適宜身體虛弱、氣虛、面色無華、自汗者飲用。

川芎天麻鯉魚湯

鯉魚1條(約500克)，天麻20克，川芎20克，生薑3片，鹽適量。

① 川芎、天麻浸泡，洗淨。
② 鯉魚去鰓、內臟，洗淨；燒鍋下油、薑片，將鯉魚煎至金黃色。
③ 將適量清水放入煲內，煮沸後加入以上材料，猛火煲滾後改用慢火煲2小時，加鹽調味即可。

天麻不可與御風草根同用，否則有導致腸結的危險。

此款湯水具有強身健體、祛風活血、通絡止眩之功效，特別適宜身體虛弱、頭暈目眩者飲用。

黑豆紅棗鯉魚湯

參芪生魚湯

鯉魚1條（約500克），黑豆100克，紅棗20克，陳皮1小片，鹽適量。

生魚1條（約500克），豬瘦肉250克，高麗參20克，北芪20克，紅棗20克，生薑2片，鹽適量，素油適量。

① 黑豆提前2小時浸泡，洗淨；紅棗去核，洗淨；陳皮浸軟，洗淨。
② 鯉魚去鰓、內臟，洗淨；燒鍋下油、生薑，將鯉魚煎至金黃色。
③ 將適量清水放入煲內，煮沸後加入以上材料，猛火煲滾後改用慢火煲2小時，加鹽調味即可。

① 紅棗去核、洗淨；高麗參、北芪洗淨。
② 瘦肉洗淨，切塊，飛水；生魚去鰓、鱗，燒鍋下油、薑片，將生魚煎至金黃色。
③ 將適量清水放入煲內，煮沸後加入以上材料，猛火煲滾後改用小火煲2小時，加鹽調味即可。

鯉魚身體兩側皮下各有一條類似白線的筋，除去後可減少腥味。

生魚肉中含蛋白質、脂肪、18種氨基酸等，還含有人體必需的鈣、磷、鐵及多種維他命。

此款湯水具有溫腎健脾、補中益氣、消除水腫、延年益壽之功效，特別適宜水腫脹滿、產後風疼、黃疸水腫者飲用。

此款湯水具有強壯身體、補氣補血、健脾養心之功效，特別適宜氣血兩虛，頭暈目眩、疲神乏力、心悸失眠者飲用。

北芪蜜棗生魚湯

生魚1條（約500克），北芪30克，蜜棗15克，老薑2片，鹽適量。

① 北芪浸泡30分鐘，洗淨；蜜棗洗淨。
② 生魚去鰓、鱗，燒鍋下花生油、薑片，將生魚兩面煎至金黃色。
③ 將適量清水放入煲內，煮沸後加入以上材料，猛火煲滾後改用慢火煲2小時，加鹽調味即可。

若想讓此湯味道更加鮮美，可加入適量豬瘦肉同煲。

此款湯水具有補氣固表、斂汗生肌、強身健體之功效，特別適宜身體虛弱、病後體虛、汗多者飲用。

紅棗瘦肉生魚湯

生魚1條（約500克），豬瘦肉250克，紅棗20克，陳皮1小片，鹽適量。

① 紅棗去核，洗淨；陳皮浸軟，洗淨。
② 豬瘦肉洗淨，切塊，飛水；生魚去鰓、鱗；燒鍋下花生油、薑片，將生魚煎至金黃色。
③ 將適量清水放入煲內，煮沸後加入以上材料，猛火煲滾後改用慢火煲2小時，加鹽調味即可。

陳皮用作調味料，有增香添味、去腥解膩的作用，以片大、色鮮、油潤、質軟、香氣濃者為佳。

此款湯水具有補血生肌、消食開胃、加速傷口癒合之功效，特別適宜身體虛弱、脾胃氣虛、營養不良、貧血者飲用。

栗子百合生魚湯

黑豆塘虱魚湯

生魚1條（約500克），豬瘦肉250克，栗子100克，百合50克，芡實25克，陳皮1小片，鹽適量。

塘虱魚1條（約500克），黑豆50克，黑棗20克，生薑3片，鹽適量。

① 栗子肉去衣，洗淨；百合、芡實、陳皮浸泡，洗淨。
② 生魚拍死，去鱗、內臟，洗淨；瘦肉洗淨，切塊。
③ 將適量清水放入煲內，煮沸後加入以上材料，猛火煲滾後改用慢火煲2小時，加鹽調味即可。

① 黑豆提前半天浸泡，洗淨；黑棗洗淨。
② 塘虱魚去鰓、內臟，洗淨，飛水；燒鍋下油、生薑，塘虱魚煎至金黃色。
③ 將適量清水放入鍋內，煮沸後加入以上材料，猛火煲滾後改用小火煲3小時，加鹽調味即可。

栗子較難消化，一次切忌食之過多，否則會引起胃脘飽脹。

塘虱魚體表黏液豐富，宰殺後放入沸水中燙一下，再用清水沖洗，即可去掉黏液；清洗塘虱魚時，一定要將魚卵清除掉，因為塘虱魚魚卵有毒，不能食用。

此款湯水具有滋潤養身、補腎益精之功效，特別適宜身體虛弱、脾胃氣虛、營養不良者飲用。

此款湯水具有健脾養血、烏髮生髮、潤澤肌膚之功效，特別適宜脾虛胃弱、鬚髮早白、肌膚乾燥者飲用。

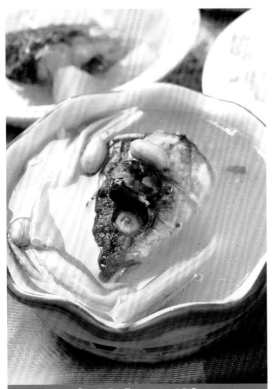

花生腐竹魚頭湯

雙豆芝麻泥鰍湯

大魚頭500克，花生仁100克，腐竹30克，紅棗20克，生薑2片，鹽適量。

泥鰍500克，赤小豆50克，黑豆50克，黑芝麻50克，生薑3片，鹽適量。

① 花生仁浸泡1小時，洗淨；腐竹洗淨、浸軟，切段；紅棗去核，洗淨。
② 魚頭洗淨，斬成兩半。起鍋下油、薑片，將魚頭煎至金黃色。
③ 將適量清水放入煲內，煮沸後加入以上材料，猛火煲滾後改用慢火煲2小時，加鹽調味即可。

① 赤小豆、黑豆、黑芝麻浸泡1小時，洗淨；生薑洗淨，切片。
② 泥鰍洗淨體表黏液，飛水；燒鍋下油、薑片，將泥鰍煎至金黃色。
③ 將適量清水放入煲內，煮沸後加入以上材料，猛火煲滾後改用慢火煲3小時，加鹽調味即可。

如體質較為燥熱者飲用此湯，可不煎魚頭直接烹製。

泥鰍所含脂肪成分較低，膽固醇更少，屬高蛋白、低脂肪食品，且含一種類似二十碳戊烯酸的不飽和脂肪酸，有利於抗血管衰老。

此款湯水具有益氣養血、清補脾胃、健腦益智之功效，特別適宜營養不良、食少體弱者飲用。

此款湯水具有滋陰補血、烏髮生髮、潤腸通便、潤澤肌膚之功效，特別適宜血虛體弱、面色黃暗、鬚髮早白者飲用。

北芪泥鰍湯

泥鰍500克，北芪20克，紅棗20克，薑片、鹽、素油各適量。

① 北芪洗淨，放入清水中浸泡片刻；紅棗去核，洗淨。
② 泥鰍放入沸水中略焯，撈出瀝乾。
③ 鍋中加油燒熱，放入薑片炒香，再放入泥鰍煎至金黃色，撈出瀝油。
④ 水燒沸，放入泥鰍、北芪、紅棗煮滾，改用小火煲約2小時，再加鹽調味即成。

泥鰍營養豐富，富含蛋白質，還有多種維他命，具有藥用價值，是人們喜愛的水產佳品。

此款湯水具有益氣養血、健脾補虛、固表止汗之功效，特別適宜病後體虛、面色蒼白、自汗者飲用。

韭菜蝦仁湯

鮮蝦250克，韭菜200克，生薑2片，鹽適量。

① 韭菜去黃葉，洗淨，切段。
② 鮮蝦去頭、殼，洗淨。
③ 煲內注入適量清水煮沸，放入韭菜、生薑，滾熟後放入蝦仁煲20分鐘，加鹽調味即可。

由於韭菜及蝦仁均為發物，皮膚濕疹、瘡疥、過敏體質者不適宜飲用。

此款湯水具有補腎助陽之功效，特別適宜腰膝酸冷、陽痿早泄、夜尿頻多者飲用。

Part 3
強身潤臟老火湯

砂仁瘦肉湯

 豬瘦肉500克，砂仁30克，老薑2片，鹽適量。

① 豬瘦肉洗淨，切成塊。
② 砂仁洗淨，打碎待用。
③ 把適量清水煮沸，放入全部材料煮沸後改慢火煲40分鐘，加鹽調味即可。

 砂仁是一種較為溫和的草藥，以個大、堅實、飽滿、香氣濃、搓之果皮不易脫落者為佳。

 此款湯水具有健脾暖胃、行氣和胃、消食行滯、降逆止嘔的功效，適用於脾胃虛弱引起的噯氣呃逆、便溏泄瀉、脘腹冷痛者飲用。

冬瓜瘦肉湯

 豬瘦肉400克，冬瓜500克，頭菜100克，鹽適量。

① 豬瘦肉洗淨，切成塊。
② 頭菜浸泡 30 分鐘，洗淨，切成條絲狀；冬瓜去皮、瓤，洗淨切片。
③ 把適量清水煮沸，放入全部材料煮沸後改慢火煲 1 小時，加鹽調味即可。

 冬瓜是一種可解熱利尿的日常食物，連皮一起煲湯，效果更明顯。

 此款湯水具有開胃、健脾、清腸、通便、消食之功效，適用於胃口欠佳、大便不暢者飲用。

柿蒂瘦肉湯

 豬瘦肉500克，柿蒂20克，紅參鬚15克，蜜棗20克，鹽適量。

① 豬瘦肉洗淨，切成塊。
② 柿蒂、紅參鬚浸泡，洗淨；蜜棗洗淨。
③ 把適量清水煮沸，放入全部材料煮沸後改慢火煲 3 小時，加鹽調味即可。

 柿蒂又稱柿錢、柿丁、柿子把、柿萼，為柿科植物柿的宿存花萼，果實成熟時採摘，曬乾即可。

 此款湯水具有健脾暖胃、降逆止嘔、補中益氣之功效，適用於脾胃虛寒、胃氣上逆引起的呃逆頻作、胸悶嘔噁、胃脘冷感者飲用。

芥菜瘦肉湯

苦瓜瘦肉湯

豬瘦肉350克,芥菜500克,鹹蛋1隻,鹽適量。

豬瘦肉400克,苦瓜200克,鹽適量。

① 豬瘦肉洗淨,切片。
② 芥菜洗淨,切段;鹹蛋去殼備用。
③ 將適量清水放入煲內,煮沸後加入以上材料,猛火煲滾後改用慢火煲1小時,加鹽調味即可。

① 先將豬瘦肉洗淨,切成厚片。
② 苦瓜洗淨,切開去瓤和籽,切長段。
③ 把適量清水煮沸,放入豬瘦肉、苦瓜煮沸後改慢火煲45分鐘,加鹽調味即可。

芥菜性溫,味辛;有宣肺豁痰、利氣溫中、解毒消腫、開胃消食、明目利膈的功效。

苦瓜中的苦瓜苷和苦味素能增進食慾;所含的生物鹼類物質奎寧,有利尿、消炎退熱的功效。

此款湯水具有化痰下氣、降火止咳、除煩解渴、清熱排毒之功效,特別適宜咽乾口苦、煙酒過多、咳嗽痰黃、便結尿少者飲用。

此款湯水具有清肝明目、利尿涼血、解勞清心、滋陰潤燥、促進飲食之功效,適宜目赤腫痛、煩躁口渴者飲用。

雞骨草田螺瘦肉湯

田螺750克，豬瘦肉250克，雞骨草50克，蜜棗30克，鹽適量。

① 豬瘦肉洗淨，切大塊。
② 雞骨草浸泡，洗淨；蜜棗洗淨；田螺剪去螺頂，洗淨。
③ 將適量清水放入煲內，煮沸後加入以上材料，猛火煲滾後改用慢火煲2小時，加鹽調味即可。

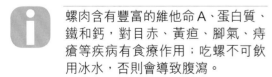

螺肉含有豐富的維他命A、蛋白質、鐵和鈣，對目赤、黃疸、腳氣、痔瘡等疾病有食療作用；吃螺不可飲用冰水，否則會導致腹瀉。

此款湯水具有清瀉肝火、祛濕利水、解酒除煩、滋陰養肝之功效，特別適宜口乾口苦、煙酒過多、煩躁易怒、肝火盛者飲用。

節瓜鹹蛋瘦肉湯

豬瘦肉500克，鹹蛋1隻，節瓜400克，粉絲60克，鹽適量。

① 節瓜去皮，切成片狀；粉絲洗淨；鹹蛋洗淨，備用。
② 豬瘦肉洗淨，切片。
③ 清水煮沸後放入節瓜、鹹蛋，煮沸後，取出鹹蛋，去殼後放入煮20分鐘，加入粉絲、瘦肉煲20分鐘，加鹽調味即可。

鹹蛋能滋陰、清熱降火，煲湯時鹹蛋黃可以先放，蛋白後放，煮熟，務求將其煲出味道，但不宜煲得太久，以免過老，影響口感。

此款湯水具有醒胃開胃、清熱生津、促進消化之功效，適用於消化不良、胃口欠佳者經常飲用。

紅蘿蔔粟米瘦肉湯

石斛杞子瘦肉湯

豬瘦肉400克，紅蘿蔔200克，粟米100克，銀耳30克，鹽適量。

豬瘦肉500克，石斛20克，枸杞子30克，蟲草花15克，蜜棗15克，鹽適量。

① 豬瘦肉洗淨，切成塊，飛水，備用。

② 粟米洗淨切成小段；紅蘿蔔去皮，洗淨切塊；銀耳用水泡發，洗淨撕成小朵。

③ 把適量清水煮沸，放入全部材料煮沸後改慢火煲2小時，加鹽調味即可。

① 豬瘦肉洗淨，切成厚片。

② 石斛、蟲草花、枸杞子浸泡，洗淨；蜜棗洗淨。

③ 將適量清水放入煲內，煮沸後加入以上材料，猛火煲滾後改用慢火煲2小時，加鹽調味即可。

粟米可生食，亦可熟食，但熟食更佳，烹調儘管使粟米損失了部分維他命C，卻使之獲得了更有營養價值的抗氧化活性劑。同時，粟米不宜單獨長期食用過多。

有酒味的枸杞子已經變質，不可食用；本湯補益，外感發熱、肝火盛者慎用。

此款湯水具有健脾開胃、促進消化、清熱生津、潤腸通便等功效，適用於食慾缺乏、乾眼症、營養不良、皮膚粗糙者飲用。

此款湯水具有滋陰補虛、養肝護肝、益精明目之功效，特別適宜陰血不足引起的視物不清、視力疲勞、視力下降者飲用。

芹菜苦瓜瘦肉湯

 豬瘦肉500克,芹菜250克,苦瓜250克,鹽適量。

① 豬瘦肉洗淨,切片。
② 苦瓜去瓤,洗淨切厚片;芹菜洗淨,切成短條。
③ 將適量清水放入煲內,煮沸後加入以上材料,猛火煲滾後改用慢火煲1小時,加鹽調味即可。

 苦瓜味苦,如怕煲出來的湯苦味過重,可以在投入煲湯之前用鹽醃製、手抓一下,用清水清洗後再使用。

 此款湯水具有清肝降火、消脂降壓之功效,特別適宜高血脂、高血壓、糖尿病症見頭暈面赤、口乾舌燥、煩躁失眠者飲用。

靈芝瘦肉湯

 豬瘦肉500克,靈芝30克,蜜棗25克,鹽適量。

① 豬瘦肉洗淨,切厚片。
② 蜜棗洗淨;靈芝浸泡2小時,洗淨,切成條狀。
③ 把適量清水煮沸,放入以上所有材料煮沸後改慢火煲2小時,加鹽調味即可。

 靈芝含有多種氨基酸、蛋白質、維他命B_2、維他命C等,可養心安神、潤肺益氣、滋肝健脾,主治虛勞體弱、神疲乏力、心悸失眠、頭目昏暈、久咳氣喘等症。

 此款湯水具有養心安神、健腦補腦、益神助志、益陰固本之功效,適宜健忘失眠、頭暈心悸、神經衰弱、精神疲勞、抵抗力低下者飲用。

冬瓜沖菜瘦肉湯

 瘦肉450克，冬瓜500克，沖菜100克，鹽適量。

① 瘦肉洗淨，切片。
② 冬瓜去瓤，連皮洗淨切塊；沖菜洗淨，切成條。
③ 將適量清水放入煲內，煮沸後加入以上材料，猛火煲滾後改用慢火煲1.5小時，加鹽調味即可。

 沖菜經醃製後含鹽分較重，與冬瓜煲成湯，既可醒胃、開胃，又能補鈉，以平衡身體的缺水狀態。

 此款湯水具有健脾開胃、消暑清熱、生津除煩之功效，特別適宜暑天煩渴、胸悶脹滿、食慾欠佳者飲用。

黨參麥冬瘦肉湯

 豬瘦肉750克，黨參60克，麥冬40克，生地黃30克，紅棗20克，鹽適量。

① 豬肉洗淨，切塊，飛水。
② 黨參、生地黃、麥冬洗淨；紅棗去核，洗淨。
③ 將適量清水放入煲內，煮沸後加入以上材料，猛火煲滾後改用慢火煲1.5小時，加鹽調味即可。

 選購黨參以根肥大粗壯、肉質柔潤、香氣濃、甜味重、無渣者為佳；黨參不宜與藜蘆同用。

 此款湯水具有滋陰潤肺、生津止渴、健脾養胃、清心除煩之功效，特別適宜內熱消渴、津傷口渴、脾胃虛弱、心煩失眠者飲用。

菜乾鴨腎瘦肉湯

桂圓杞子瘦肉湯

 鴨腎300克，豬瘦肉250克，白菜乾200克，蜜棗25克，鹽適量。

 豬瘦肉500克，桂圓肉50克，枸杞子30克，鹽適量。

① 白菜乾浸泡2小時，洗淨；蜜棗洗淨。

② 鴨腎洗淨，切件；豬瘦肉洗淨，切片。

③ 將適量清水放入煲內，煮沸後加入以上材料，猛火煲滾後改用慢火煲2小時，加鹽調味即可。

① 瘦肉洗淨，切成厚片，飛水。

② 桂圓肉、枸杞子浸泡30分鐘，洗淨。

③ 將適量清水放入煲內，煮沸後加入以上材料，猛火煲滾後改用慢火煲2小時，加鹽調味即可。

 鴨腎一次食用不可過多，否則不易消化；鮮鴨腎清洗時要剝去內壁黃皮。

 如想節約煲製時間，可以將桂圓肉、枸杞子提前半天浸泡，洗淨後與豬瘦肉一同剁爛再煲湯，這樣方便快捷，既節省時間，而功效不減。

 此款湯水具有止咳潤肺、生津止渴、清燥健脾之功效，特別適宜口渴欲飲、咽喉乾燥、乾咳無痰者飲用。

 此款湯水具有補血養肝、養心安神之功效，特別適宜肝血不足引起的頭暈、心悸、視物不清者飲用。

腐竹菜乾瘦肉湯

瘦肉250克，腐竹50克，菜乾50克，紅棗20克，鹽適量。

① 瘦肉洗淨，切厚片，飛水。

② 腐竹提前1小時浸泡；菜乾浸軟，洗淨；紅棗去核，洗淨。

③ 將適量清水放入煲內，煮沸後加入以上材料，猛火煲滾後改用慢火煲2小時，加鹽調味即可。

腐竹須用涼水泡發，這樣可使腐竹整潔美觀，如用熱水泡，則腐竹易碎。

此款湯水清甜可口，具有清熱潤肺、止咳化痰、益氣生津之功效，特別適宜咽喉乾燥、口渴欲飲、痰多咳嗽者飲用。

金銀花瘦肉湯

豬瘦肉500克，菜乾50克，金銀花30克，蜜棗20克，鹽適量。

① 瘦肉洗淨，切成厚片，飛水。

② 菜乾用水浸泡1小時，洗淨；金銀花、蜜棗洗淨。

③ 將適量清水放入煲內，煮沸後加入以上材料，猛火煲滾後改用慢火煲2小時，加鹽調味即可。

金銀花以花蕾大、含苞欲放、色黃白、質柔軟、香氣濃者為佳。

此款湯水具有清熱透表、清肝明目、解毒利咽之功效，特別適宜溫熱表證、發熱煩渴、肝火旺盛者飲用。

紅蘿蔔豬腱湯

 豬腱肉500克，紅蘿蔔300克，蜜棗20克，陳皮1小片，鹽適量。

① 陳皮浸泡，洗淨；紅蘿蔔去皮，洗淨切塊。
② 豬腱肉洗淨，切大塊待用。
③ 把適量清水煮沸，放入全部材料煮沸後改慢火煲2小時，加鹽調味即可。

 紅蘿蔔的品種很多，按色澤可分為紅、黃、白、紫等數種，中國栽培最多的是紅、黃兩種。紅蘿蔔以質細味甜、脆嫩多汁、表皮光滑、形狀整齊、心柱小、肉厚、不糠、無裂口和病蟲傷害的為佳。

 此款湯水清潤鮮甜，具有清熱消滯、開胃、理氣和中、祛痰利氣、利水通便等功效，特別適合脾胃不和、脘腹脹痛、不思飲食、嘔吐噯逆者飲用。

夏枯草脊骨湯

 豬脊骨750克，夏枯草30克，菊花15克，蜜棗15克，鹽適量。

① 豬脊骨斬件，洗淨，飛水。
② 菊花、夏枯草浸泡1小時，洗淨；蜜棗洗淨。
③ 將適量清水放入煲內，煮沸後加入以上材料，猛火煲滾後改用慢火煲3小時，加鹽調味即可。

 夏枯草用於煲湯，鮮品和乾品皆可。乾品需要浸泡後洗淨；鮮品一般需用滾水焯過，涼水浸洗。

 此款湯水具有清肝瀉火、清熱解毒、降低血壓、解鬱散結之功效，特別適宜高血壓、目赤腫痛、頭脹頭痛、肝火熾盛、口乾口苦者飲用。

魚腥草脊骨湯

豬脊骨750克，魚腥草35克，川貝母20克，蜜棗20克，鹽適量。

① 豬脊骨洗淨，斬件，飛水。
② 魚腥草浸泡，洗淨；川貝母、蜜棗洗淨。
③ 將適量清水放入煲內，煮沸後加入以上材料，猛火煲滾後改用慢火煲2小時，加鹽調味即可。

魚腥草選用鮮品或乾品皆可，功效差別不大；如選用乾品，需提前浸泡30分鐘後洗淨使用。

此款湯水具有清肺潤燥、化痰止咳、清熱消炎之功效，特別適宜由於肺熱引起的咳嗽痰多、支氣管炎、肺氣腫、上呼吸道感染者飲用。

霸王花豬骨湯

豬骨500克，霸王花50克，南北杏仁30克，蜜棗25克，鹽適量。

① 霸王花浸泡1小時，洗淨；南北杏仁、蜜棗洗淨。
② 豬骨洗淨，斬件。
③ 將適量清水放入煲內，煮沸後加入以上材料，猛火煲滾後改用慢火煲3小時，加鹽調味即可。

霸王花主要產於廣東，為仙人掌科植物量天尺的花。煲湯可用鮮品，亦可用乾品。選購時以朵大、色鮮明、味香甜者為佳。

此款湯水具有潤肺、化痰止咳、清涼滋補、清熱解暑之功效，特別適宜喘促胸悶、虛勞咳喘、支氣管炎、腸燥便秘者飲用。

蓮子百合芡實排骨湯

海帶豬蹄湯

排骨 500 克，蓮子 50 克，百合 30 克，芡實 20 克，蜜棗 20 克，鹽適量。

豬蹄肉 500 克，海帶 100 克，綠豆 100 克，生薑 2 片，鹽適量。

① 蓮子、芡實、百合、蜜棗洗淨，待用。
② 排骨洗淨，斬件待用。
③ 把適量清水煮沸，放入全部材料煮沸後改慢火煲 2 小時，加鹽調味即可。

① 海帶洗淨浸泡 2 小時，切段。
② 豬蹄肉洗淨，切塊，飛水。
③ 將適量清水放入煲內，煮沸後加入以上材料，猛火煲滾後改用慢火煲 2 小時，加鹽調味即可。

蓮子中所含的棉籽糖，是老少皆宜的滋補品，對於久病、產後或老年體虛者，更是常用營養佳品；蓮子鹼有平抑性慾的作用，對於青年人夢多、遺精頻繁或滑精者，有良好的止遺澀精作用。

豬蹄肉就是豬手以上部位的肉，一般帶皮一起烹調。

此款湯水具有清熱潤肺、軟堅化痰、生津止渴、消暑除煩、行水祛濕之功效，特別適宜暑熱煩渴、濕熱泄瀉、瘡瘍腫毒者飲用。

此款湯水具有健胃益脾、滋養補虛、補脾止泄、利濕健中、止遺澀精等功效，適宜脾氣虛、慢性腹瀉之人飲用。

砂仁豬肚暖胃湯

白术茯苓豬肚湯

豬肚1隻（約500克），砂仁20克，生薑2片，鹽適量，生粉適量。

豬肚1隻（約500克），白术40克，茯苓40克，淮山30克，北芪10克，蜜棗10克，鹽、生粉適量。

① 將砂仁洗淨，拍爛。
② 把豬肚翻轉過來，用鹽、生粉搓擦，然後用水沖洗，反覆幾次。
③ 把適量清水煮沸，放入全部材料煮沸後改慢火煲2小時，加鹽調味即可。

① 把豬肚翻轉過來，用鹽、生粉搓擦，然後用水沖洗，反覆幾次。
② 茯苓、白术、淮山、北芪、蜜棗浸泡，洗淨。
③ 把適量清水煮沸，放入全部材料煮沸後改慢火煲2小時，加鹽調味即可。

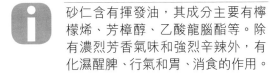

砂仁含有揮發油，其成分主要有檸檬烯、芳樟醇、乙酸龍腦酯等。除有濃烈芳香氣味和強烈辛辣外，有化濕醒脾、行氣和胃、消食的作用。

茯苓，自古被視為"中藥八珍"之一。以體重堅實、外皮色棕褐、皮紋細、無裂隙、斷面白色細膩、黏牙力強者為佳。

此款湯水具有健脾暖胃、化濕醒脾、行氣和胃、消食行滯的功效，用於脾胃濕滯引起的脘悶嘔噁、脾胃氣滯引起的脘腹脹痛、不思飲食等症。

此款湯水具有開胃消食、健脾益氣、燥濕利水、溫中補氣、固表止汗等功效，特別適合由於脾胃虛弱引起的大便溏泄、食少腹脹、胸悶欲嘔、神疲乏力、氣虛自汗者飲用。

花生煲豬肚湯

黨參淮山豬肚湯

豬肚1隻（約500克），花生200克，生薑2片，生粉、鹽適量。

豬肚1隻（約500克），黨參40克，淮山30克，胡椒粒10克，蜜棗15克，鹽適量，生粉適量。

① 把豬肚翻轉過來，用鹽、生粉搓擦，然後用水沖洗，反覆幾次，至異味去除。
② 煲內注入適量清水，放入豬肚、薑片煮15分鐘，撈出豬肚切塊。
③ 把適量清水煮沸，放入豬肚、花生煮沸後改慢火煲2小時，加鹽調味即可。

① 把豬肚翻轉過來，用鹽、生粉搓擦，然後用水沖洗，反覆幾次。
② 黨參、淮山、胡椒粒、蜜棗浸泡，洗淨。
③ 把適量清水煮沸，放入全部材料煮沸後改慢火煲2.5小時，加鹽調味即可。

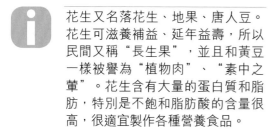
花生又名落花生、地果、唐人豆。花生可滋養補益、延年益壽，所以民間又稱"長生果"，並且和黃豆一樣被譽為"植物肉"、"素中之葷"。花生含有大量的蛋白質和脂肪，特別是不飽和脂肪酸的含量很高，很適宜製作各種營養食品。

黨參對神經系統有興奮作用，能增強身體抵抗力。以根肥大粗壯、肉質柔潤、香氣濃、甜味重、無渣者為佳。

此款湯水氣味醇和，具有醒脾和胃、滋養調氣、補中益氣、健胃潤腸、滋陰袪燥等功效，特別適合胃潰瘍患者飲用。

此款湯水具有補氣健脾、溫中暖胃、袪風止痛、增進食慾等功效，特別適合脾胃虛弱引起的脘腹冷痛、口泛清涎、納食欠佳、大便溏泄者飲用。

酸菜腐竹豬肚湯

豬肚1隻（約500克），酸菜150克，腐竹80克，白果30克，老薑2片，鹽適量，生粉適量。

① 把豬肚翻轉過來，用鹽、生粉搓擦，然後用水沖洗，反覆幾次，至異味去除。
② 酸菜洗淨，切成絲狀；腐竹、白果洗淨。
③ 放入豬肚、薑片，煲開後改用慢火煲2.5小時，加入酸菜、腐竹、白果，再煲30分鐘，加鹽調味即可。

白果能清腸胃之濁氣而止咳定喘；白果有小毒，這是由於其舍有銀杏酸和銀杏醇所致，充分煮熟能使毒性減少，但亦不能過服，以免中毒。

此款湯水具有醒胃開胃、消食行滯、健脾益氣等功效，適用於消化不良、胃口欠佳者常飲。

芡實煲豬肚湯

豬肚1隻（約500克），芡實50克，蓮子50克，紅棗20克，鹽適量，生粉適量。

① 把豬肚翻轉過來，用鹽、生粉搓擦，然後用水沖洗，反覆幾次，至異味去除。
② 紅棗洗淨，去核；蓮子浸泡1小時，洗淨去芯；芡實洗淨。
③ 把適量清水煮沸，放入全部材料煮沸後改慢火煲2小時，加鹽調味即可。

豬肚為豬的胃。豬肚含有蛋白質、脂肪、碳水化合物、維他命及鈣、磷、鐵等，具有補虛損、健脾胃的功效，適用於氣血虛損、身體瘦弱者食用。

此款湯水具有健脾開胃、補虛平損、補益心腎之功效，特別適合脾胃虛弱、不思飲食、心煩口渴、心悸失眠、胃潰瘍、十二指腸潰瘍者飲用。

金銀菜豬肺湯

豬肺 750 克，白菜 250 克，白菜乾 50 克，南北杏仁 30 克，蜜棗 30 克，鹽適量。

① 白菜乾浸開，洗淨切段；白菜、南北杏仁、蜜棗洗淨。
② 豬肺洗淨，切成塊狀，飛水。
③ 將適量清水放入煲內，煮沸後加入以上材料，猛火煲滾後改用慢火煲 3 小時，加鹽調味即可。

白菜含有豐富的鈣、磷、鐵，質地柔嫩，味道清香，為大眾蔬菜。白菜乾是白菜曬乾而成的，富含粗纖維，有消燥除熱、通利腸胃、下氣消食的作用。

此款湯水具有清燥潤肺、祛痰止咳、防治便秘之療效，特別適宜燥熱咳嗽、老年人及產婦便秘、體虛乏力、慢性咳喘者飲用。

蘿蔔杏仁豬肺湯

豬肺 500 克，白蘿蔔 300 克，南北杏仁 30 克，紅棗 20 克，鹽適量。

① 白蘿蔔去皮，洗淨切塊；杏仁洗淨；大棗去核，洗淨。
② 豬肺洗淨，切成塊狀，飛水。
③ 將適量清水放入煲內，煮沸後加入以上材料，猛火煲滾後改用慢火煲 2 小時，加鹽調味即可。

白蘿蔔忌與人參、西洋參同食；白蘿蔔主瀉、紅蘿蔔為補，所以二者最好不要同食。若要一起吃時應加些醋來調和，以利於營養吸收。

此款湯水具有滋陰補肺、潤肺解燥、止咳化痰、消滯行氣之功效，特別適宜肺虛久咳、神疲無力者飲用。

霸王花蜜棗豬肺湯

 豬肺 750 克，霸王花 50 克，蜜棗 20 克，鹽適量。

① 霸王花浸泡 1 小時，擇洗乾淨；蜜棗洗淨。
② 豬肺洗淨，切成塊狀。
③ 鍋置火上，加入適量清水煮沸後，放入以上材料，猛火煲滾後改用慢火煲 3 小時，然後加鹽調味即可。

 霸王花又名劍花，是廣東肇慶有名的特產，能清熱潤燥、潤肺止咳、清熱痰，對肺熱、肺燥引起的有痰或無痰咳嗽，均有食療作用。

 此款湯水具有清燥潤肺、化痰止咳、益氣生津之功效，特別適宜肺熱、肺燥引起的咳嗽、多痰者飲用。

羅漢果豬肺湯

 豬肺 500 克，羅漢果 30 克，菜乾 50 克，南北杏仁 15 克，鹽適量。

① 菜乾浸開，洗淨切段；羅漢果、南北杏仁洗淨。
② 豬肺洗淨，切成塊狀，飛水。
③ 將適量清水放入煲內，煮沸後加入以上材料，猛火煲滾後改用慢火煲 2 小時，加鹽調味即可。

 豬肺買回來之後，應從氣管部灌入清水，用力擠壓，反覆多次，再用生粉洗淨後方可用於烹製。

 此款湯水具有清肺潤腸、補肺化痰、止咳防喘之功效，特別適宜乾咳無痰、咳嗽痰少、鼻咽乾燥、胸痛者飲用。

百合杏仁豬肺湯

豬肺750克，百合30克，杏仁30克，蜜棗20克，鹽適量。

① 杏仁、百合、蜜棗洗淨。
② 豬肺清洗乾淨，切件，飛水。
③ 將適量清水放入煲內，煮沸後加入以上材料，猛火煲滾後改用慢火煲2小時，加鹽調味即可。

豬肺不要購買鮮紅色的，鮮紅色的是充了血，燉出來會發黑，最好選擇顏色稍淡的豬肺。

此款湯水具有滋陰潤肺、止咳化痰、補中益氣、清心安神之功效，特別適合肺虛咳嗽、久咳不止、痰濃氣臭、肺氣腫者飲用。

核桃靈芝豬肺湯

豬肺750克，核桃肉30克，靈芝20克，蜜棗15克，鹽適量。

① 靈芝洗淨，浸泡；核桃肉、蜜棗洗淨。
② 豬肺洗淨，切成塊狀，飛水。
③ 將適量清水放入煲內，煮沸後加入以上材料，猛火煲滾後改用慢火煲2小時，加鹽調味即可。

本湯溫補，外感、肺熱、肺燥引起的咳喘者慎用。

此款湯水具有益肺潤燥、納氣平喘、固腎益精之功效，特別適宜肺氣不足引起的咳嗽、氣喘氣促、神疲乏力者飲用。

白果豬肺湯

豬肺500克，豬瘦肉250克，白果20克，蜜棗20克，生薑3片，鹽適量。

① 蜜棗、白果洗淨，豬瘦肉洗淨，切成大塊。
② 豬肺清洗乾淨，切成塊狀，飛水。
③ 將適量清水放入煲內，煮沸後加入以上材料，猛火煲滾後改用慢火煲3小時，加鹽調味即可。

白果即銀杏，能斂肺定喘，止帶縮尿，對肺虛、肺寒引起的咳嗽哮喘有較好的食療作用，但白果有小毒，不宜過量食用。

此款湯水具有潤肺止咳、化痰、降逆下氣之功效，特別適宜肺寒、咳嗽痰稀、咳嗽日久不癒、氣喘乏力者飲用。

霸王花陳皮豬肺湯

豬肺500克，霸王花50克，陳皮1小片，蜜棗15克，鹽適量。

① 霸王花浸泡，洗淨，切段；蜜棗洗淨；陳皮用清水浸軟，洗淨；蜜棗洗淨。
② 豬肺洗淨，切成塊狀，飛水。
③ 將適量清水放入煲內，煮沸後加入以上材料，猛火煲滾後改用慢火煲2小時，加鹽調味即可。

陳皮具有理氣和中、燥濕化痰、利水通便的功效。

此款湯水具有清熱潤肺、理肺益氣、化痰止咳之功效，特別適宜肺虛咳嗽、支氣管炎、脘腹脹滿者飲用。

雪梨豬肺湯

豬肺 500 克，雪梨 250 克，川貝母 20 克，鹽適量。

① 雪梨洗淨，連皮切成塊狀，去核；川貝母洗淨。
② 豬肺洗淨，切成塊狀，飛水。
③ 將適量清水放入煲內，煮沸後加入以上材料，猛火煲滾後改用慢火煲 2.5 小時，加鹽調味即可。

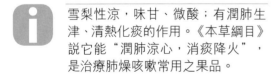
雪梨性涼，味甘、微酸；有潤肺生津、清熱化痰的作用。《本草綱目》說它能"潤肺涼心，消痰降火"，是治療肺燥咳嗽常用之果品。

此款湯水具有滋潤肺燥、清熱化痰、生津解渴之功效，特別適宜咳嗽痰稠、咳痰不易、咽乾口渴、上呼吸道感染、支氣管炎等屬肺燥者飲用。

蓮子芡實豬心湯

豬心 1 隻（約 400 克），豬瘦肉 200 克，蓮子、芡實各 50 克，蜜棗 20 克，鹽適量。

① 豬心切成兩半，清洗乾淨。
② 豬瘦肉洗淨；蓮子、芡實提前浸泡，洗淨；蜜棗洗淨待用。
③ 把適量清水煮沸，放入以上所有材料煮沸後改慢火煲 2 小時，加鹽調味即可。

豬心是一種營養十分豐富的食品。它含有蛋白質、脂肪、鈣、磷、鐵、維他命 B_1、維他命 B_2、維他命 C 以及菸酸等，對加強心肌營養、增強心肌收縮力有很大的作用。

此款湯水具有安神益智、清心補脾、生津除煩、澀精止遺之功效，適宜疲勞引起的精神恍惚、注意力不集中、記憶力下降、夜夢遺精者飲用。

太子參麥冬豬心湯

 豬心1隻（約400克），太子參30克，麥冬20克，玉竹20克，鹽適量。

① 豬心切成兩半，洗淨殘留瘀血，飛水待用。
② 太子參、麥冬、玉竹洗淨。
③ 把適量清水煮沸，放入以上所有材料，煮沸後改文火煲2小時，加鹽調味即可。

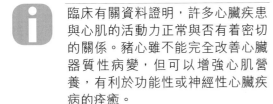 臨床有關資料證明，許多心臟疾患與心肌的活動力正常與否有着密切的關係。豬心雖不能完全改善心臟器質性病變，但可以增強心肌營養，有利於功能性或神經性心臟疾病的痊癒。

 此款湯水具有安神定志、補中益氣、養陰生津、清心瀉火之功效，適宜陰血虛少引起的失眠、健忘、氣短、汗多、心煩不安者飲用。

當歸酸棗仁豬心湯

 豬心1隻（約400克），豬瘦肉300克，當歸、酸棗仁各20克，紅棗15克，鹽適量。

① 當歸、酸棗仁洗淨，浸泡；紅棗去核，洗淨。
② 豬心切成兩半，清洗乾淨瘀血，飛水。
③ 將適量清水注入煲內煮沸，放入全部材料再次煮開後改慢火煲3小時，加鹽調味即可。

 紅棗補血健脾益腦，去核煲湯可減少燥性；棗皮中含有豐富的營養素，燉湯時應連皮一起烹調。

 此款湯水具有安神益智、補血養心、消疲提神、健腦益智之功效，適宜記憶力減退、容易疲勞、心血不足、心悸失眠者飲用。

柏子仁豬心湯

豬心1隻（約400克），豬瘦肉300克，柏子仁 20 克，靈芝 30 克，蜜棗 15 克，鹽適量。

① 靈芝、柏子仁洗淨，浸泡；蜜棗洗淨。
② 豬心剖成兩半，洗淨瘀血，飛水；豬瘦肉洗淨，飛水。
③ 將適量清水注入煲內煮沸，放入全部材料再次煮開後改慢火煲 3 小時，加鹽調味即可。

靈芝含有極豐富的稀有元素"鍺"，能使人體血液吸收氧的能力提高 1.5 倍，因此可以促進新陳代謝並有延緩老化的作用，還有增強皮膚本身修護功能的功效。

此款湯水具有安神定志、增強免疫力、健腦益智、提神醒腦之功效，適宜體虛頭暈、失眠多夢、心煩氣短、耳鳴乏倦、心悸怔忡、記憶力減退者飲用。

枸杞豬心湯

豬心1隻（約400克），枸杞子100克，老薑2片，鹽適量。

① 豬心切成兩半，清洗乾淨。
② 枸杞子提前 10 分鐘浸泡，洗淨待用。
③ 把適量清水煮沸，放入所有材料煮沸後改慢火煲 40 分鐘，加鹽調味即可。

豬心通常有股異味，如果處理不好，煲出來的湯味道就會大打折扣。可在買回豬心後，用少量麵粉滾一下，放置 1 小時左右，再用清水洗淨，這樣才會味美純正。

此款湯水具有養心益智、養血安神、健腦補腦、生津除煩之功效，適宜陰血虛少、心肝火旺引起的心煩心悸、頭暈目眩、失眠、記憶力下降者飲用。

雞骨草豬橫脷湯

豬橫脷1條（約400克），豬瘦肉300克，雞骨草40克，蜜棗20克，鹽適量。

① 雞骨草提前30分鐘浸泡，洗淨；蜜棗洗淨。
② 豬橫脷泡水洗淨，飛水，去除表面黏膜；豬瘦肉洗淨，飛水。
③ 把適量清水煮沸，放入以上所有材料煮沸後改用慢火煲2小時，加鹽調味即可。

豬橫脷又稱豬胰子，是豬的胰腺，扁平長條形，長約12厘米，粉紅色，上面掛些白油。使用豬橫脷之前，必須泡水並徹底清洗。

此款湯水具有清肝瀉火、清熱解毒、散瘀止痛之功效，特別適宜小便刺痛、膽囊炎、煙酒過多、倦怠口苦、煩躁易怒、食慾缺乏者飲用。

栗子煲雞湯

鮮雞1隻（約500克），栗子300克，鹽適量，蜜棗15克。

① 栗子去硬殼，用熱水燙過，去衣，洗淨；蜜棗浸泡，洗淨。
② 鮮雞洗淨，斬成大件，待用。
③ 將適量清水煮沸，加入全部材料，猛火煲滾後改用慢火煲2小時，加鹽調味即可。

鮮雞肉質細嫩，滋味鮮美，蛋白質量頻多，是屬於高蛋白、低脂肪的食品，氨基酸含量也很豐富，因此可彌補牛肉及豬肉的營養的不足。

此款湯水具有滋潤養生、健脾養胃、補腎強心之功效，特別適宜身體虛弱、食慾缺乏、吐血便血者飲用。

冬瓜鮮雞湯

酸棗仁老雞湯

鮮雞1隻（約500克）500克，冬瓜500克，紅棗15克，鹽適量。

老雞1隻（約800克），酸棗仁30克，桂圓肉20克，鹽適量。

① 鮮雞洗淨，斬件。
② 冬瓜洗淨，連皮切塊；紅棗去核，洗淨。
③ 將適量清水放入煲內，煮沸後加入以上材料，猛火煲滾後改用慢火煲1.5小時，加鹽調味即可。

① 老雞去毛、內臟、斬大件，飛水。
② 酸棗仁、桂圓肉洗淨。
③ 將適量清水放入煲內，煮沸後加入以上材料，猛火煲滾後改用慢火煲1小時，加鹽調味即可。

冬瓜的品質，除早采的嫩瓜要求鮮嫩以外，一般晚采的老冬瓜則要求：發育充分，老熟，肉質結實，肉厚，心室小；皮色青綠，帶白霜，形狀端正，表皮無斑點和外傷，皮不軟、不腐爛。

若想煲出來的湯不肥膩，可將雞皮去掉；老雞易於留邪，外感發熱、實熱、陰虛火旺者慎用此湯。

此款湯水具有滋陰補血、養心安神、鎮靜催眠之功效，特別適宜心血不足引起的虛煩不眠、心煩不安、驚悸怔忡者飲用。

此款湯水具有潤肺生津、化痰止渴、清熱解暑、利尿通便之功效，特別適宜暑熱口渴、胸悶脹滿、消渴者飲用。

參麥黑棗烏雞湯

 烏雞1隻（約500克），麥冬、西洋參、黑棗各20克，生薑2片，鹽適量。

① 烏雞去毛及內臟，用清水浸洗乾淨，斬件，飛水。
② 西洋參洗淨，切成片；黑棗去核，洗淨；麥冬洗淨；生薑切片。
③ 將適量清水放入煲內，煮沸後加入以上材料，猛火煲滾後改用慢火煲2小時，加鹽調味即可。

 黑棗能補益脾胃、滋養陰血、養心安神，煲湯時將核去掉，目的是為了減少燥性。

 此款湯水具有寧心安神、益氣養血、健脾和胃之功效，特別適宜經常心慌心跳、眩暈、失眠多夢、盜汗乏力者飲用。

麥芽鮮雞胗湯

 鮮雞胗300克，麥芽60克，燈芯草8束，蜜棗20克，鹽適量，生粉適量。

① 麥芽、燈芯草提前1小時浸泡，洗淨；蜜棗洗淨。
② 鮮雞胗用少許花生油、生粉搓擦，以去除異味，洗淨，飛水。
③ 把適量清水煮沸，放入全部材料煮沸後改慢火煲3小時，加鹽調味即可。

 鮮雞胗內所帶的雞內金能消食化積；鮮雞胗買回後，需用少許花生油、生粉搓擦，反覆幾次，然後洗淨，飛水，以去除異味。

 此款湯水具有開胃消滯、清除心火、生津除煩之功效，適用於食慾欠佳、心情煩躁者飲用。

荔枝桂圓雞心湯

雞心250克，荔枝乾30克，桂圓肉30克，鹽適量。

① 雞心剖開，清除瘀血，洗淨。
② 荔枝乾去核，洗淨；桂圓肉洗淨。
③ 將適量清水放入煲內，煮沸後加入以上材料，猛火煲滾後改用慢火煲2小時，加鹽調味即可。

荔枝乾益氣養血，由於荔枝核較燥，煲湯時去掉核可減少其燥性。

此款湯水具有濡養心血、益氣養血之功效，特別適宜心血虛少引起的頭暈眼花、心悸怔忡、胸悶噁心者飲用。

鮮百合雞心湯

雞心250克，鮮百合40克，桂圓肉30克，鹽適量。

① 鮮百合瓣成片狀，洗淨；桂圓肉放入清水中浸泡30分鐘，撈出沖淨。
② 將雞心用刀剖開，洗淨腔內瘀血。
③ 把適量清水煮沸，放入所有材料煮沸後改慢火煲1小時，加鹽調味即可。

百合能滋陰安神，四季皆可食用，秋季最宜；煲湯建議選擇新鮮百合為佳，鮮用可使湯味鮮美，並可減少燥性。

此款湯水具有養心安神、滋陰補血之功效，特別適宜由於陰血不足引起的心悸、煩躁不安、失眠多夢者飲用。

夜明砂雞肝湯

雞肝300克，夜明砂10克，枸杞子30克，蜜棗15克，鹽適量。

① 夜明砂揀去砂土、雜質，洗淨；枸杞子、蜜棗洗淨。

② 雞肝洗淨，飛水。

③ 將適量清水放入煲內，煮沸後加入以上材料，猛火煲滾後改用慢火煲2小時，加鹽調味即可。

動物的肝臟均含有豐富的維他命A，湯中雞肝也可用豬肝、羊肝等動物肝臟代替。

此款湯水具有益肝養肝、明目退翳、滋潤補血之功效，特別適宜由於肝血不足引起的夜盲症、視物不清者飲用。

老黃瓜煲老鴨湯

老鴨1隻（約1200克），老黃瓜500克，紅棗20克，鹽適量。

① 老黃瓜連皮洗淨，切開去瓤和籽，切長段；紅棗去核洗淨。

② 將老鴨宰殺，去毛、內臟，清洗乾淨。

③ 把適量清水煮沸，放入全部材料煮沸後改慢火煲2小時，加鹽調味即可。

老黃瓜可清熱解暑，烹製前宜削去頭尾部分，這樣煲出來的湯才不會有苦味；老黃瓜以粗壯、皮色金黃為上品。

此款湯水味道鮮甜，具有去積行滯、清熱解暑、開胃消食之功效，適用於食慾缺乏、體質虛弱、大便乾燥者飲用。

乾貝冬瓜煲鴨湯

鴨肉 1000 克，瘦肉 300 克，冬瓜 1000 克，乾貝 50 克，陳皮 1 片，鹽適量。

① 光鴨洗淨，斬成大塊，飛水；瘦肉洗淨，切塊，飛水。
② 乾貝用溫水浸開，洗淨；陳皮洗淨；冬瓜去皮、瓤，洗淨，帶皮切成大塊。
③ 將適量清水放入煲內，煮沸後加入以上材料，猛火煲滾後改用慢火煲 3 小時，加鹽調味即可。

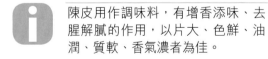
陳皮用作調味料，有增香添味、去腥解膩的作用，以片大、色鮮、油潤、質軟、香氣濃者為佳。

此款湯水具有潤肺生津、化痰止咳、祛暑清熱、利水消炎、解毒排膿的功效，特別適宜痰熱咳喘、暑熱口渴、水腫、腳氣、脹滿者飲用。

蓮子百合煲老鴨湯

老鴨肉 1000 克，蓮子 100 克，百合 50 克，薏米 50 克，陳皮 1 小片，鹽適量。

① 老鴨洗淨，斬件，飛水。
② 薏米、百合、蓮子浸泡 1 小時，洗淨撈起；陳皮浸軟，洗淨。
③ 將適量清水放入煲內，煮沸後加入以上材料，猛火煲滾後改用慢火煲 2 小時，加鹽調味即可。

鴨肉是一道美味佳餚，適於滋補，是各種美味名菜的主要原料。人們常言"雞鴨魚肉"四大葷，鴨肉的蛋白質含量比畜肉含量高得多，脂肪含量適中且分佈較均勻。

此款湯水具有清心安神、補脾止瀉、消暑解毒、清利濕熱、健脾利水、益腎澀精之功效，特別適宜筋脈拘攣、水腫、腳氣、咽痛失音、虛煩驚悸、失眠多夢者飲用。

扁豆山楂腎肉湯

鮮鴨腎3個（約150克），豬腱肉300克，扁豆60克，山楂50克，陳皮1小片，鹽適量。

① 陳皮、山楂、扁豆分別洗淨。
② 將鴨腎用清水洗乾淨；豬腱洗淨，飛水。
③ 煲內注入適量清水煮沸，放入全部材料煮沸後改慢火煲2小時，加鹽調味即可。

鴨腎的主要營養成分有碳水化合物、蛋白質、脂肪、菸酸、維他命C、維他命E和鈣、鎂、鐵、鉀、磷、鈉、硒等礦物質。鴨腎中鐵元素含量較豐富，女性可以多食用；但一次食用不可過多，否則不易消化；鮮鴨腎清洗時要剝去內壁黃皮。

此款湯水具有開胃健脾、行瘀消滯、去濕強筋、活血化瘀等功效，此湯一般人群皆可飲用，特別適宜上腹飽脹、消化不良者。

蓮子芡實鵪鶉湯

鵪鶉4隻（約600克），蓮子60克，芡實50克，淮山30克，蜜棗20克，鹽適量。

① 蓮子、淮山、芡實、蜜棗分別洗淨。
② 鵪鶉去除內臟，洗淨，放入開水中煮5分鐘，取出待用。
③ 煲內注入適量清水煮沸，加入全部材料再次煮沸後，改慢火煲2小時，加鹽調味即可。

鵪鶉簡稱鶉，是一種頭小、尾短、不善飛的赤褐色家禽，鵪鶉肉是典型的高蛋白、低脂肪、低膽固醇食物，特別適合中老年人以及高血壓、肥胖症患者食用。鵪鶉可與補藥之王人參相媲美，譽為"動物人參"。

此款湯水具有健脾開胃、消食化滯、補中益氣、清利濕熱、補脾止瀉等功效，特別適宜脾虛胃弱、食慾缺乏者飲用。

蓮子淮山鵪鶉湯

鵪鶉3隻(約450克),豬瘦肉200克,蓮子60克,淮山50克,蜜棗20克,鹽適量。

① 豬瘦肉洗淨,飛水;鵪鶉去毛、內臟,洗淨,飛水。
② 蓮子浸泡1小時,洗淨去心;淮山浸泡1小時,洗淨;蜜棗洗淨。
③ 把適量清水煮沸,放入全部材料煮沸後改慢火煲3小時,加鹽調味即可。

淮山為病後康復食補之佳品,幾乎不含脂肪,能預防心血管系統的脂肪沉積,防止動脈硬化。食用淮山還能增強免疫力,延緩細胞衰老。

此款湯水具有健脾開胃、補中益氣之功效,適用於脾胃虛弱、消化不良、食慾缺乏者飲用。

百合紅棗鵪鶉湯

鵪鶉2隻(約300克),百合30克,紅棗20克,鹽適量。

① 鵪鶉去毛、內臟,洗淨,飛水。
② 紅棗去核,洗淨;百合浸泡,洗淨。
③ 將適量清水放入煲內,煮沸後加入以上材料,猛火煲滾後改用慢火煲3小時,加鹽調味即可。

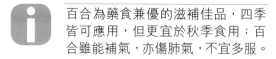
百合為藥食兼優的滋補佳品,四季皆可應用,但更宜於秋季食用;百合雖能補氣,亦傷肺氣,不宜多服。

此款湯水具有養心安神、滋陰補血、潤肺之功效,特別適宜心血不足引起的眩暈、心悸怔忡、夜睡煩躁、精神恍惚者飲用。

海底椰貝杏鵪鶉湯

鵪鶉2隻（約300克），海底椰20克，川貝母20克，杏仁15克，蜜棗15克，鹽適量。

① 鵪鶉去毛、內臟，洗淨。
② 海底椰洗淨，浸泡；川貝母洗淨，打碎；杏仁、蜜棗洗淨。
③ 將適量清水放入煲內，煮沸後加入以上材料，猛火煲滾後改用慢火煲2小時，加鹽調味即可。

杏仁有小毒，煲湯前多用溫水浸泡，除去皮、尖，以減少毒性，且不宜食用過量。

此款湯水具有清熱生津、益肺降火、清燥潤肺、除煩醒酒之功效，特別適宜口苦口臭、胸悶胸痛、神志不爽、口咽乾燥者飲用。

百合雞蛋湯

雞蛋2隻，百合60克，柿餅1個，鹽適量。

① 柿餅洗淨，切成小塊；百合洗淨。
② 雞蛋煮熟後去殼。
③ 將適量清水放入煲內，煮沸後加入以上材料，猛火煲滾後改用慢火煲1小時，加鹽調味即可。

煮雞蛋的時候火不能太大，一般用中火較為合適，猛火煮雞蛋容易將蛋殼煮破。

此款湯水具有潤肺解燥、益肺下氣、清痰降火之功效，特別適宜肺虛久咳、乾咳少痰、咽紅口燥者飲用。

枸杞雞蛋湯

黑棗雞蛋湯

雞蛋2隻，枸杞子30克，鹽適量。

雞蛋2隻，黑棗30克，桂圓肉20克，蜜棗15克，鹽適量。

① 枸杞洗淨，浸泡30分鐘；雞蛋去殼，攪成蛋液。
② 將適量清水放入煲內，煮沸後放入枸杞子煮10分鐘。
③ 淋入蛋液，攪拌均勻，加鹽調味即可。

① 黑棗去核，洗淨；桂圓肉、蜜棗洗淨。
② 雞蛋煮熟，取出去殼。
③ 將適量清水放入煲內，煮沸後加入以上材料，猛火煲滾後改用慢火煲1小時，加鹽調味即可。

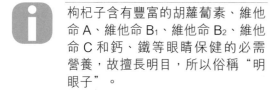
枸杞子含有豐富的胡蘿蔔素、維他命A、維他命B$_1$、維他命B$_2$、維他命C和鈣、鐵等眼睛保健的必需營養，故擅長明目，所以俗稱"明眼子"。

煲湯的時候加入適量蜜棗，既可使湯水甘甜滋潤，又補而不燥。本湯偏濕，外感發熱者慎用，以免留邪於裏。

此款湯水四季適合，老少咸宜，具有滋陰養肝、益眼明目、益氣安神之功效，特別適宜肝陰不足引起的視物不清、視物昏花者飲用。

此款湯水具有養心補血、安神寧心之功效，特別適宜心血虛少引起的眩暈、心悸者飲用。

番茄鵪鶉蛋湯

鵪鶉蛋10隻，番茄250克，紫菜20克，鹽適量。

① 番茄洗淨，切成片狀；紫菜提前15分鐘浸泡，洗淨。
② 鵪鶉蛋磕入碗中，攪勻成蛋液。
③ 鍋中加入適量清水燒沸，放入番茄、紫菜、花生油，用大火煮約15分鐘，再淋入鵪鶉蛋液攪勻至熟，加鹽調味即可。

選擇番茄，一般以果形周正，無裂口、蟲咬，成熟適度，酸甜適口，肉肥厚，心室小者為佳；煲湯宜選擇成熟適度的番茄，不僅口味好，而且營養價值高。

此款湯水具有清熱消滯、開胃健脾、生津止渴、滋陰潤燥等功效，特別適合消化不良、胃口欠佳者飲用。

紅棗芪淮鱸魚湯

 鱸魚1條（約600克），紅棗30克，北芪20克，淮山20克，生薑2片，鹽適量。

① 北芪、淮山提前浸泡，洗淨；紅棗去核，洗淨。
② 鱸魚常規處理後洗淨，燒鍋下花生油、薑片，將鱸魚煎至金黃色。
③ 煲內注入適量清水煮沸，加入全部材料煮沸後改用慢火煲1小時，加鹽調味即可。

 鱸魚肉質白嫩、清香，沒有腥味，肉為蒜瓣形，最宜清蒸、紅燒或煲湯；為了保證鱸魚的肉質潔白，宰殺時應把鱸魚的鰓夾骨斬斷，倒吊放血。

 此款湯水具有健脾和胃、益氣養血、補氣行滯、去瘀散結、利水消腫等功效，特別適合氣血不足、脾胃虛弱、神疲乏力、腹脹納差、消化不良者飲用。

木瓜鱸魚湯

鱸魚1條(約600克),木瓜400克,老薑4片,鹽適量。

① 木瓜去皮、核,洗淨切成塊狀。
② 將鱸魚清洗乾淨,燒鍋下花生油、薑片,將鱸魚煎至金黃色。
③ 把適量清水煮沸,放入木瓜、鱸魚煮沸後改慢火煲2小時,加鹽調味即可。

木瓜富含17種以上氨基酸及鈣、鐵等,還含有木瓜蛋白酶、番木瓜鹼等。半個中等大小的木瓜足供成人整天所需的維他命C。木瓜在中國素有"萬壽果"之稱,顧名思義,多吃可延年益壽。

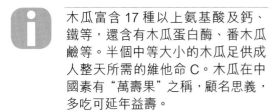

此款湯水具有潤肺化痰、健脾開胃、消食行滯之功效,適用於咳嗽有痰兼有食滯、消化不良、胃口欠佳者飲用。

蘋果杏仁生魚湯

生魚1條(約500克),豬瘦肉250克,蘋果250克,南北杏仁40克,生薑2片,鹽適量。

① 南北杏仁浸泡,洗淨;蘋果去皮、核,切成大塊;豬瘦肉洗淨,飛水。
② 生魚去鱗、鰓、內臟,洗淨;燒鍋下油、薑片,將生魚煎至金黃色。
③ 將適量清水放入煲內,煮沸後加入以上材料,猛火煲滾後改用慢火煲3小時,加鹽調味即可。

南北杏仁均有潤肺、止咳之功效,蘋果清熱潤肺作用也很明顯,和生魚、瘦肉煲湯,功效顯著。

此款湯水具有潤肺止咳、滋陰潤燥、生津解渴之功效,特別適宜肺燥咳嗽、口乾煩躁、頭暈失眠者飲用。

苦瓜豬骨生魚湯

 生魚1條(約300克)300克，豬骨
500克，苦瓜300克，蜜棗20克，
陳皮1小片，鹽適量。

① 洗淨豬骨，斬成大件，飛水。
② 生魚去除鰓、內臟，洗淨；苦
瓜去瓤，洗淨切塊；蜜棗、陳
皮洗淨。
③ 將適量清水放入煲內，煮沸後加
入以上材料，猛火煲滾後改用
慢火煲2小時，加鹽調味即可。

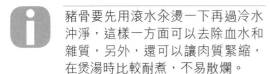
豬骨要先用滾水氽燙一下再過冷水
沖淨，這樣一方面可以去除血水和
雜質，另外，還可以讓肉質緊縮，
在煲湯時比較耐煮，不易散爛。

此款湯水具有明目解毒、清熱涼
血、解勞清心之功效，特別適宜暑
熱煩渴、目赤腫痛、癰腫丹毒、少
尿者飲用。

淮山圓肉生魚湯

 生魚1條(約500克)，豬瘦肉250
克，淮山30克，桂圓肉25克，生
薑3片，鹽適量。

① 淮山、桂圓肉洗淨，浸泡30分
鐘；豬瘦肉洗淨，切成塊狀。
② 生魚去鱗、鰓、內臟，洗淨；
燒鍋下油、薑片，將生魚煎至
金黃色。
③ 將適量清水放入煲內，煮沸後加
入以上材料，猛火煲滾後改用
慢火煲2小時，加鹽調味即可。

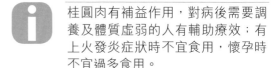
桂圓肉有補益作用，對病後需要調
養及體質虛弱的人有輔助療效；有
上火發炎症狀時不宜食用，懷孕
不宜過多食用。

此款湯水具有養肝護肝、補脾滋
陰、益心安神之功效，特別適宜肝
硬化、慢性肝炎、食慾缺乏、貧血
心悸者飲用。

馬蹄百合生魚湯

生魚1條（約500克），馬蹄75克，百合30克，無花果20克，生薑2片，鹽適量。

① 馬蹄去皮，洗淨；百合、無花果洗淨。
② 生魚去鱗、鰓、內臟，洗淨；燒鍋下油、薑片，將生魚煎至金黃色。
③ 將適量清水放入煲內，煮沸後加入以上材料，猛火煲滾後改用慢火煲3小時，加鹽調味即可。

馬蹄以個大、潔淨、新鮮、皮薄、肉細、味甜、爽脆、無渣者質佳。

此款湯水具有潤肺止咳、滋陰潤燥、清心安神之功效，特別適宜肺燥引起的乾咳少痰、口乾咽燥、便秘者飲用。

草菇大魚頭湯

大魚頭500克，草菇200克，鹽適量。

① 草菇洗淨，飛水。
② 魚頭剖開，去鰓洗淨；燒鍋下花生油、薑片，將魚頭煎至金黃色。
③ 加入適量沸水，煮沸20分鐘後，加入草菇再煮20分鐘，加鹽調味即可。

草菇是寄生於稻草、腐木一類基質上的菌類植物，具有健腦益智、化痰理氣之功效。

此款湯水具有安神補腦、延緩腦力衰退、增強記憶力、祛風除痹、化痰理氣之功效，適宜學習疲勞、用腦過度、胃口欠佳、咳嗽有痰者飲用。

川芎白芷魚頭湯

 大魚頭 600 克，瘦豬肉 300 克，川芎 30 克，白芷 20 克，老薑 2 片，鹽適量。

① 豬瘦肉洗淨，切塊；魚頭洗淨，下花生油、薑片煎至微黃鏟起。
② 川芎、白芷洗淨。
③ 把適量清水煮沸，放入所有材料煮沸後改慢火煲 2 小時，加鹽調味即可。

 新鮮的魚頭不僅肉質很嫩，而且營養也豐富。常用來煲湯的魚頭首選鱅魚頭。魚頭洗淨後入淡鹽水中泡一下會去土腥味。

 此款湯水具有滋潤安神、祛風止痛、解表之療效，適用於頭痛眩暈、目暗無神、風寒濕痹者飲用。

淮杞黨參魚頭湯

 大魚頭 500 克，淮山、黨參各 30 克，枸杞子 20 克，紅棗 10 克，老薑 2 片，鹽適量。

① 紅棗去核，洗淨；淮山、枸杞子、黨參洗淨。
② 燒鍋下花生油、薑片，將魚頭煎至金黃色。
③ 把適量清水煮沸，放入所有材料煮沸後改慢火煲 2 小時，加鹽調味即可。

 魚頭肉質細嫩、營養豐富，除了含蛋白質、脂肪、鈣、磷、鐵、維他命 B_1，還含有魚肉中所缺乏的卵磷脂，可增強記憶力、提高思維和分析能力，讓人變得聰明。

 此款湯水具有安神明目、益氣養血、健腦補腦、增強記憶、祛風除痹之功效，適用於脾胃虛弱、氣血不足引起的頭暈腦脹、健忘者飲用。

天麻魚頭湯

赤小豆杞子泥鰍湯

大魚頭 500 克，天麻 30 克，老薑 2 片，鹽適量。

泥鰍 500 克，赤小豆 75 克，枸杞子 25 克，蜜棗 15 克，鹽適量。

① 天麻洗淨。

② 大魚頭去鰓，洗淨，對半斬開；燒鍋下花生油、薑片，將魚頭煎至金黃色。

③ 把適量清水煮沸，放入所有材料煮沸後改文火煲 2 小時，加鹽調味即可。

① 赤小豆、枸杞子提前浸泡，洗淨；蜜棗洗淨。

② 泥鰍洗淨，飛水，去除體表黏膩物，燒鍋下油，將泥鰍煎至金黃色。

③ 將適量清水放入煲內，煮沸後加入以上材料，猛火煲滾後改用慢火煲 2 小時，加鹽調味即可。

天麻主要產於中國的華中及華南地區。中醫認為天麻具有熄風、止痙、祛風除痹的功效，可以有效緩解各種肢體麻木、頭痛等症狀，是中醫治療大腦及神經系統疾病的常用藥物。

枸杞子一年四季皆可服用，冬季宜煮粥，夏季宜泡茶，用於煲湯則四季皆宜。

此款湯水具有平肝熄風、明目健脾、祛風止痛、補腦益智、增強記憶之功效，適宜神經衰弱、記憶力下降、耳鳴頭暈、肢體麻木痹痛、高血壓者飲用。

此款湯水具有補益護肝、益眼明目、補血養血之功效，特別適宜肝血不足引起的頭暈眼花、視物模糊者飲用。

淮杞玉竹泥鰍湯

泥鰍 300 克，淮山 50 克，枸杞子 30 克，玉竹 20 克，生薑 2 片，鹽適量。

① 淮山、枸杞子、玉竹提前浸泡 1 小時，洗淨。

② 泥鰍洗淨，飛水，去除體表黏膩物，燒鍋下油，將泥鰍煎至金黃色。

③ 將適量清水放入煲內，煮沸後加入以上材料，猛火煲滾後改用慢火煲 2 小時，加鹽調味即可。

枸杞子一般不宜和過多性溫熱的補品如桂圓、紅參、大棗等共同煲湯。

此款湯水具有養心安神、健脾補血、滋陰生津之功效，特別適宜由於心肌勞損引起的心悸、眩暈、失眠者飲用。

苦瓜黃豆田雞湯

田雞 500 克，苦瓜 300 克，黃豆 100 克，蜜棗 20 克，鹽適量。

① 苦瓜洗淨，切開去瓢和籽，切塊；黃豆提前 1 小時浸泡，洗淨；蜜棗洗淨。

② 田雞去頭、皮、內臟，洗淨斬成小件。

③ 把適量清水煮沸，放入以上所有材料煮沸後改慢火煲 2 小時，加鹽調味即可。

田雞因肉質細嫩勝似雞肉，故稱田雞。田雞含有豐富的蛋白質、糖類、水分和少量脂肪，肉味鮮美，現在食用的田雞大多為人工養殖。田雞肉中易有寄生蟲卵，一定要加熱至熟透再食用。

此款湯水具有養肝明目、健脾補腦、寧神定志、清心降火之功效，適宜身體疲勞引致的口苦咽乾、注意力不集中、記憶力下降、煩躁不安、口舌生瘡者飲用。

Part 4
美容養顏老火湯

雪梨瘦肉湯

瘦肉500克，雪梨250克，南北杏仁、蜜棗各10克，鹽適量。

① 豬瘦肉洗淨，切成厚片，飛水。
② 雪梨去核，洗淨切塊；南北杏仁、蜜棗洗淨。
③ 將適量清水放入煲內，煮沸後加入以上材料，猛火煲滾後改用慢火煲 1.5 小時，
   加鹽調味即可。

煲湯時用鴨梨、黃梨、啤梨均可，而雪梨、鴨梨較潤，不用去皮，只去核即可。

此款湯水具有滋陰美容、養顏潤膚、潤肺止咳之功效，特別適宜皮膚乾燥、肺燥久
咳者飲用。

蘋果瘦肉湯

瘦肉500克，蘋果250克，無花果30克，銀耳20克，鹽適量。

① 豬瘦肉洗淨，切成厚片，飛水。
② 蘋果去皮、去核，洗淨，切塊；銀耳浸發，撕成小朵，洗淨；無花果洗淨。
③ 將適量清水放入煲內，煮沸後加入以上材料，猛火煲滾後改用慢火煲2小時，加鹽調味即可。

蘋果是很多人都愛吃的健康水果，難得的是它煲成湯水還有滋陰潤燥、補益氣血的功效。

此款湯水具有滋潤養顏、養陰潤燥、解毒降火之功效，特別適宜秋季乾燥天氣飲用。

蓮子百合瘦肉湯

豬瘦肉500克，蓮子50克，百合30克，蜜棗20克，鹽適量。

① 豬瘦肉洗淨，切成厚片，飛水。
② 蓮子、百合浸泡1小時，洗淨；蜜棗洗淨。
③ 將適量清水放入煲內，煮沸後加入以上材料，猛火煲滾後改用慢火煲2~3小時，加鹽調味即可。

蓮子芯味苦，所以在蓮子浸泡之後，應將蓮子芯取出去掉，以免影響湯水的整體口感。

此款湯水具有養顏潤膚、健脾潤肺、養神平壓、滋補中氣之功效，特別適宜皮膚乾燥、脾肺氣虛咳嗽者飲用。

蘋果雪梨瘦肉湯

豬瘦肉500克，蘋果250克，雪梨250克，無花果15克，南北杏30克，鹽適量。

① 豬瘦肉洗淨，切成厚片，飛水。
② 蘋果去皮、核，切塊；雪梨去核，切塊；無花果、南北杏洗淨。
③ 將適量清水放入煲內，煮沸後加入以上材料，猛火煲滾後改用慢火煲2小時，加鹽調味即可。

雪梨潤肺消燥、清熱化痰，雖然脾虛的人不宜多食，但與滋養補虛的瘦肉配伍，則無需多慮。

此款湯水具有美顏靚膚、健脾潤肺、清熱化痰、生津止渴之功效，此湯滋補臟腑，為老少、四季皆宜的湯飲。

淡菜瘦肉湯

瘦肉500克，淡菜30克，紫菜20克，鹽適量。

① 瘦肉洗淨，切塊，飛水。
② 淡菜用水浸軟，洗淨；紫菜撕成小塊，清水浸開，洗淨。
③ 將適量清水放入煲內，煮沸後加入以上材料，猛火煲滾後改用慢火煲1小時，加鹽調味即可。

脾胃虛寒者不宜多用本湯。

此款湯水具有滋陰降火、美容養顏、清熱化痰之功效，特別適宜肺熱痰多者飲用。

馬齒莧瘦肉湯

豬瘦肉500克，綠豆100克，馬齒莧450克，蜜棗15克，鹽適量。

① 豬瘦肉洗淨，切厚片。
② 馬齒莧、蜜棗洗淨；綠豆浸泡2小時，洗淨。
③ 將適量清水放入煲內，煮沸後加入以上材料，猛火煲滾後改用慢火煲2小時，加鹽調味即可。

馬齒莧味酸，性寒，入大腸、肝、脾經，具有清熱袪濕、散瘀消腫、利尿通淋的功效；選購馬齒莧以株小、質嫩、葉多、青綠色者為佳。

此款湯水具有清腸通便、清熱解毒、涼血止痢之功效，特別適宜大腸濕熱所致的大便溏黏臭穢、裏急後重、大便出血等。

蟲草花雪蛤瘦肉湯

豬瘦肉500克，蟲草花20克，雪蛤膏8克，鹽適量。

① 豬瘦肉洗淨，切成厚片，飛水。
② 蟲草花洗淨；雪蛤膏浸泡3小時，剔除雜質，洗淨。
③ 將適量清水放入煲內，煮沸後加入以上材料，猛火煲滾後改用慢火煲3小時，加鹽調味即可。

雪蛤膏又稱田雞油，是滋潤養顏的上品。

此款湯水具有滋潤養顏、益肺止咳之功效，特別適宜皮膚乾澀、膚色晦暗、肺虛久咳、口乾咽燥者飲用。

海帶海藻瘦肉湯

豬瘦肉 500 克，海帶 30 克，海藻 30 克，蜜棗 15 克，鹽適量。

① 豬瘦肉洗淨，切塊，飛水。
② 蜜棗洗淨；海帶、海藻洗淨，浸泡 1 小時。
③ 將適量清水放入煲內，煮沸後加入以上材料，猛火煲滾後改用慢火煲 3 小時，加鹽調味即可。

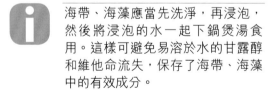
海帶、海藻應當先洗淨，再浸泡，然後將浸泡的水一起下鍋煲湯食用。這樣可避免易溶於水的甘露醇和維他命流失，保存了海帶、海藻中的有效成分。

此款湯水具有排毒瘦身、軟堅散結、瀉火消痰之功效，特別適宜咽喉腫痛、由於缺碘導致的甲狀腺腫大、睾丸腫痛者飲用。

蠔豉瘦肉湯

瘦肉 400 克，蠔豉 100 克，泡菜 100 克，鹽適量。

① 瘦肉洗淨，切片，飛水。
② 蠔豉浸開，洗淨；泡菜洗淨，切片。
③ 將適量清水放入煲內，煮沸後加入以上材料，猛火煲滾後改用慢火煲 2 小時，加鹽調味即可。

泡菜具有一定鹹度，所以此湯加鹽量不能太大，最好是煮好湯之後，先嘗一下鹹淡度，再確定下鹽量。

此款湯水具有滋陰養血、活血充肌、清熱降火之功效，特別適宜陰虛煩熱失眠、心神不安、高血壓、高血脂者飲用。

粟米鬚瘦肉湯

豬瘦肉500克，淮山40克，粟米鬚20克，扁豆30克，蜜棗15克，鹽適量。

① 豬瘦肉洗淨，切厚片。
② 粟米鬚、蜜棗洗淨；淮山、扁豆浸泡1小時，洗淨。
③ 把適量清水煮沸，放入以上所有材料煮沸後改慢火煲3小時，加鹽調味即可。

粟米鬚能利水祛濕、通利小便而消腫，對慢性腎炎水腫等有良效。粟米鬚以柔軟、有光澤者為佳。

此款湯水具有利水通便、瘦身減肥、健脾和胃、祛濕消腫之功效，適宜小便不利、四肢微腫、脾虛濕重之糖尿病、慢性腎炎水腫者飲用。

冬瓜薏米瘦肉湯

瘦肉500克，冬瓜750克，薏米60克，蠔豉30克，陳皮1小片，鹽適量。

① 瘦肉洗淨，切塊，飛水。
② 冬瓜洗淨，連皮切大塊；蠔豉、薏米分別浸泡1小時，洗淨；陳皮浸軟，洗淨。
③ 將適量清水放入煲內，煮沸後加入以上材料，猛火煲滾後改用慢火煲2小時，加鹽調味即可。

常吃薏米可保持皮膚光澤細膩，可有效消除粉刺、妊娠斑，具有美白功效。夏秋季用冬瓜煲湯，既可佐餐食用，又能清暑利濕。但婦女懷孕早期忌食，另外汗少、便秘者不宜多用。

此款湯水具有滋補養血、利尿消腫、潤肺生津之功效，特別適宜肝熱黃疸、腸胃不適、小便不利者飲用。

生地海蜇瘦肉湯

南瓜豬腱肉湯

豬瘦肉 450 克，海蜇 100 克，生地黃 50 克，馬蹄 100 克，蜜棗 15 克，鹽適量。

豬腱肉 400 克，南瓜 500 克，生薑 2 片，鹽適量。

① 豬瘦肉洗淨，切厚片。

② 馬蹄去皮，洗淨；生地黃浸泡 1 小時，洗淨；海蜇洗淨，飛水；蜜棗洗淨。

③ 將適量清水放入煲內，煮沸後加入以上材料，猛火煲滾後改用慢火煲 2 小時，加鹽調味即可。

① 豬腱肉洗淨，切成大塊。

② 南瓜去皮，洗淨切成大塊。

③ 把適量清水煮沸，放入所有材料煮沸後改慢火煲 2 小時，加鹽調味即可。

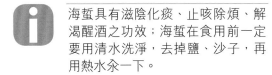

海蜇具有滋陰化痰、止咳除煩、解渴醒酒之功效；海蜇在食用前一定要用清水洗淨，去掉鹽、沙子，再用熱水汆一下。

南瓜所含果膠可以保護胃腸道黏膜，使其免受粗糙食品刺激，促進潰瘍癒合，適宜胃病患者食用。南瓜所含成分能促進膽汁分泌，加強胃腸蠕動，幫助食物消化。

此款湯水具有潤腸通便、養陰生津、除煩止渴、解渴醒酒之功效，特別適宜煙酒過多、咳嗽痰少、胸痛腹脹、口渴口乾、大便秘結者飲用。

此款湯水具有清熱通便、瘦身健體、補中益氣、消炎止痛、降糖止渴之功效，適宜糖尿病、身體水腫、胎動不安、胸膜炎、肋間神經痛者飲用。

乾貝腱肉湯

豬腱肉500克，乾貝30克，蟲草花15克，鹽適量。

① 豬腱肉洗淨，切成厚片，飛水。
② 乾貝浸軟，洗淨；蟲草花洗淨。
③ 將適量清水放入煲內，煮沸後加入以上材料，猛火煲滾後改用慢火煲2小時，加鹽調味即可。

乾貝是以江珧扇貝、日月貝等幾種貝類的閉殼肌乾製而成，呈短圓柱狀，淺黃色，體側有柱筋，是中國著名的海產"八珍"之一，是名貴的水產食品。

此款湯水具有滋補養顏、益氣補血之功效，特別適宜頭暈目眩、咽乾口渴、虛癆咯血、脾胃虛弱者飲用。

紅蘿蔔花膠豬腱湯

豬腱肉500克，紅蘿蔔250克，花膠80克，瑤柱20克，生薑2片，鹽適量。

① 豬腱肉洗淨，切成大塊。
② 紅蘿蔔去皮，洗淨，切塊；花膠提前半天浸泡，洗淨；瑤柱用水浸軟，洗淨。
③ 將適量清水放入煲內，煮沸後加入以上材料，猛火煲滾後改用慢火煲3小時，加鹽調味即可。

花膠即魚肚，為魚鰾乾製而成，有黃魚肚、鮰魚肚、鰻魚肚等，主要產於中國沿海及馬來群島等地，以廣東所產的"廣肚"質量最好。

此款湯水具有補血滋養、補腎益精、止血散瘀之功效，特別適宜腎虛滑精、產後風痙、創傷出血者飲用。

蠔豉豬腱湯

豬腱肉500克，蠔豉50克，銀耳、南北杏仁各20克，陳皮1小片，鹽適量。

① 豬腱肉洗淨，切塊，飛水。

② 蠔豉用清水浸軟，洗淨；銀耳浸開，洗淨，撕開；陳皮浸軟，洗淨；南北杏仁洗淨。

③ 將適量清水放入煲內，煮沸後加入以上材料，猛火煲滾後改用慢火煲2小時，加鹽調味即可。

蠔豉又名蠔乾，是牡蠣肉的乾製品，以身乾、個大、色紅、無黴變碎塊者為佳。

此款湯水具有滋陰養顏、滋潤和血、活血充肌、祛痰清肺之功效，老少皆宜。

蓮藕豬腱湯

豬腱肉500克，排骨、蓮藕各250克，桂圓肉、紅棗各20克，鹽適量。

① 蓮藕去皮，洗淨，切厚片；紅棗去核，洗淨；桂圓肉洗淨。

② 豬腱肉洗淨，切塊；排骨洗淨，斬件。

③ 將適量清水放入煲內，煮沸後加入以上材料，猛火煲滾後改用慢火煲2小時，加鹽調味即可。

蓮藕，微甜而脆，十分爽口，可生食也可熟食，而且藥用價值相當高，是老幼婦孺、體弱多病者上好的食品和滋補佳品。

此款湯水補而不燥，香濃可口，具有補血養顏、補中益氣、滋潤肌膚之功效，特別適宜脾虛泄瀉、煩躁口渴、食慾缺乏者飲用。

生地槐花脊骨湯

 豬脊骨750克，生地黃50克，槐花20克，蜜棗25克，鹽適量。

① 豬脊骨斬件，飛水，洗淨。
② 生地黃、槐花浸泡1小時，洗淨；蜜棗洗淨。
③ 將適量清水放入煲內，煮沸後加入以上材料，猛火煲滾後改用慢火煲2~3小時，加鹽調味即可。

 脊骨飛水可以去除骨肉中的血污，還可以收緊上面的肉，經過2個小時的煲燉，也不會散爛。

 此款湯水具有排毒養顏、涼血止血、消痔之功效，特別適宜腸熱便秘、痔瘡出血者飲用。

粟米紅蘿蔔脊骨湯

 豬脊骨600克，粟米300克，紅蘿蔔200克，鹽適量。

① 豬脊骨洗淨斬件，飛水備用。
② 紅蘿蔔去皮，洗淨，切成小塊；粟米洗淨，切成小段。
③ 將適量清水注入煲內煮沸，放入全部材料再次煮開後改慢火煲2小時，加鹽調味即可。

 豬脊骨中含有大量骨髓，烹煮時柔軟多脂的骨髓就會釋出。骨髓可以用在調味汁、湯或煨菜裏，或加入意大利燉菜中，另外也可以趁熱作為開胃小點的塗醬。

 此款湯水具有增強免疫力、美容瘦身、健脾開胃、祛濕利水、消除疲勞之功效，適宜胃口欠佳、易於疲勞、高血壓、經常口渴者飲用。

老黃瓜煲豬骨湯

豬骨400克，瘦肉300克，老黃瓜500克，赤小豆50克，蜜棗20克，陳皮1小片，鹽適量。

① 豬骨洗淨斬件，飛水；瘦肉洗淨，飛水。
② 老黃瓜洗淨，連皮切大塊；蜜棗洗淨；赤小豆、陳皮洗淨，浸軟。
③ 將適量清水注入煲內煮沸，放入全部材料再次煮開後改慢火煲3小時，加鹽調味即可。

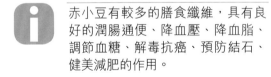
赤小豆有較多的膳食纖維，具有良好的潤腸通便、降血壓、降血脂、調節血糖、解毒抗癌、預防結石、健美減肥的作用。

此款湯水具有潤腸通便、減肥輕身、健脾去濕、清熱利尿之功效，此湯一般人都適合飲用，尤宜於大小便不暢、濕氣積滯者飲用。

粉葛紅棗豬骨湯

豬骨750克，粉葛500克，紅棗20克，陳皮1小片，鹽適量。

① 豬骨洗淨、斬成大塊，飛水。
② 粉葛去皮，洗淨切塊；紅棗去核，洗淨；陳皮浸軟，洗淨。
③ 將適量清水放入煲內，煮沸後加入以上材料，猛火煲滾後改用慢火煲3小時，加鹽調味即可。

按照廣東傳統煲湯的方法，紅棗應用於煲湯時，都要去掉核，因為有核的紅棗比較熱氣，會影響湯水的療效。

此款湯水具有滋潤肌膚、生津止渴、瀉火利濕、健脾養陰之功效，特別適宜口乾口苦、尿黃尿少、腰膝酸痛者飲用。

紅蘿蔔豬骨湯

豬骨700克，紅蘿蔔400克，蜜棗20克，鹽適量。

① 將豬骨斬件，清洗乾淨。
② 紅蘿蔔去皮，洗淨，切成塊狀；蜜棗洗淨。
③ 把適量清水煮沸，放入以上所有材料，煮沸後改慢火煲2.5小時，加鹽調味即可。

烹調紅蘿蔔時，不要加醋，以免胡蘿蔔素損失。另外不要過量食用。大量攝入胡蘿蔔素會令皮膚的色素產生變化，變成橙黃色。

此款湯水具有潤腸通便、排毒減肥、清熱降火、消食除脹之功效，適宜熱病傷津、火熱內盛、大便秘結者飲用。

香菇排骨湯

排骨500克，香菇40克，黑木耳20克，鹽適量。

① 排骨斬件，洗淨，飛水。
② 香菇浸泡2小時，洗淨；黑木耳浸泡1小時，洗淨。
③ 將適量清水放入煲內，煮沸後加入以上材料，猛火煲滾後改用慢火煲2小時，加鹽調味即可。

排骨在煲湯之前須用滾水汆燙一下，再過冷水沖淨，這樣既可去除血水和雜質，又可使其在煲湯時不易散爛。

此款湯水具有養顏美容、活血降脂、降低血壓之功效，特別適宜高脂血症、高血壓者飲用。

絲瓜排骨湯

 排骨、絲瓜各500克，南北杏仁 20克，鹽適量。

① 排骨洗淨，斬件，飛水。
② 絲瓜刨去棱邊，洗淨切塊；南 北杏仁洗淨。
③ 將適量清水放入煲內，煮沸後加 入以上材料，猛火煲滾後改用慢 火煲1.5小時，加鹽調味即可。

 絲瓜性涼味甘，脾胃虛寒、腹瀉者 不宜食用。

 此款湯水具有涼血解毒、解暑除 煩、消熱化痰、去熱利水之功效， 特別適宜月經不調、痰喘咳嗽、腸 風痔漏、血淋、療瘡癤腫者飲用。

老黃瓜排骨湯

 排骨600克，老黃瓜400克，扁豆 50克，麥冬30克，蜜棗15克，鹽 適量。

① 老黃瓜去皮、瓤、子，洗淨， 切段；扁豆、麥冬、蜜棗洗淨。
② 排骨洗淨，斬件待用。
③ 把適量清水煮沸，放入以上所有 材料，煮沸後改慢火煲3小時， 加鹽調味即可。

 扁豆一定要煮熟，否則可能使食用 者出現食物中毒現象。

 此款湯水具有潤腸通便、減肥輕 身、滋陰降火、清熱利咽、清心潤 肺之功效，適宜尿少尿黃、咽喉腫 痛、煩躁易怒、煙酒過多、頻繁熬 夜者飲用。

銀芽排骨湯

排骨600克,綠豆芽500克,生薑2片,鹽適量。

① 排骨洗淨,斬件,飛水。
② 綠豆芽洗淨。
③ 將適量清水放入煲內,煮沸後加入以上材料,猛火煲滾後改用慢火煲 2 小時,加鹽調味即可。

綠豆芽中含有維他命 B_2,適合口腔潰瘍的人食用;它還富含膳食纖維,是便秘患者的健康蔬菜,有預防消化道癌症 (食管癌、胃癌、直腸癌) 的功效。

此款湯水適宜夏季飲用,具有解毒養顏、清熱消暑、利水降火之功效,特別適宜面體生瘡、口腔潰瘍、飲酒過多、便秘者飲用。

藕節排骨湯

豬排骨600克,藕節200克,生地黃30克,黑木耳15克,蜜棗20克,鹽適量。

① 豬排骨斬件,洗淨,飛水。
② 藕節刮皮,洗淨切厚片;生地黃、黑木耳浸泡 1 小時,洗淨;蜜棗洗淨。
③ 將適量清水放入煲內,煮沸後加入以上材料,猛火煲滾後改用慢火煲 2.5 小時,加鹽調味即可。

藕節是蓮藕根莖與根莖之間的連接部位,有收斂止血、涼血散瘀之功效,是常用的食療佳品。

此款湯水具有清熱養顏、收斂止血、涼血散瘀之功效,特別適宜婦女月經過多兼見腸燥便秘、痔瘡兼見大便出血者飲用。

綠豆海帶排骨湯

 排骨500克，綠豆100克，海帶30克，蜜棗15克，鹽適量。

① 豬排骨洗淨，斬件，飛水。
② 海帶提前1天浸泡，洗淨；綠豆浸泡1小時，洗淨。
③ 將適量清水放入煲內，煮沸後加入以上材料，猛火煲滾後改用慢火煲1.5小時，加鹽調味即可。

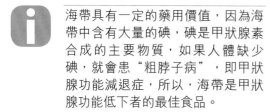 海帶具有一定的藥用價值，因為海帶中含有大量的碘，碘是甲狀腺素合成的主要物質，如果人體缺少碘，就會患"粗脖子病"，即甲狀腺功能減退症，所以，海帶是甲狀腺功能低下者的最佳食品。

 此款湯水具有降脂降壓、解毒瘦身、清除血脂之功效，特別適宜甲狀腺腫大、淋巴結腫大、高血壓、冠心病、肥胖者飲用。

蘋果排骨湯

 排骨500克，蘋果300克，南北杏仁30克，蜜棗20克，鹽適量。

① 排骨洗淨，斬件，飛水。
② 蘋果去皮、去核，洗淨切塊；南北杏仁、蜜棗洗淨。
③ 將適量清水放入煲內，煮沸後加入以上材料，猛火煲滾後改用慢火煲2小時，加鹽調味即可。

 此湯製作簡單，口感也很好，排骨中含有水果的清香，一點不油膩。湯中已經帶有水果的甜味，只要加少許鹽調味即可。

 此款湯水具有美容潤膚、生津止渴、健脾益胃之功效，特別適宜皮膚粗糙、口乾心煩、消化不良者飲用。

黃豆豬手湯

紅綠豆花生豬手湯

豬手750克，黃豆100克，冬菇50克，生薑1片，鹽適量。

豬手750克，赤小豆50克，綠豆50克，花生50克，蜜棗20克，鹽適量。

① 豬手洗淨，斬件，飛水。
② 黃豆浸泡30分鐘，洗淨；冬菇用清水浸軟，洗淨去蒂。
③ 將適量清水放入煲內，煮沸後加入以上材料，猛火煲滾後改用慢火煲2小時，加鹽調味即可。

① 豬手洗淨，斬件，飛水。
② 赤小豆、綠豆、花生洗淨，浸泡1小時；蜜棗洗淨。
③ 將適量清水放入煲內，煮沸後加入以上材料，猛火煲滾後改用慢火煲3小時，加鹽調味即可。

因黃豆及豬手均為滯膩之品，容易引起消化不良，脾虛氣滯、消化功能差者不宜多飲本湯。

豬手能補血生肌，其所含的膠黏質可使皮膚皺紋減少或推遲皺紋產生，是養顏美膚之佳品。

此款湯水具有滋潤養血、潤澤肌膚之功效，特別適宜皮膚乾澀、膚色晦暗、易生色斑、口乾煩渴者飲用。

此款湯水具有清熱養血、潤澤肌膚之功效，特別適宜皮膚乾澀、膚色晦暗、易生色斑、瘡癤頻生、口乾煩渴者飲用。

木瓜豬手湯

蘆薈豬蹄湯

豬手750克，木瓜300克，花生100克，生薑1片，鹽適量。

豬蹄600克，蘆薈300克，鹽適量。

① 豬手洗淨，斬件，飛水。

② 木瓜去皮、去籽，洗淨，切厚塊；花生浸泡30分鐘，洗淨。

③ 將適量清水放入煲內，煮沸後加入以上材料，猛火煲滾後改用慢火煲3小時，加鹽調味即可。

① 蘆薈去皮，洗淨切段。

② 豬蹄斬件，洗淨，飛水。

③ 把適量清水煮沸，放入以上材料煮沸後改文火煲3小時，加鹽調味即可。

木瓜性溫，不寒不燥，其中的營養成分容易被皮膚直接吸收，使身體更容易吸收充足的營養，從而使皮膚變得光潔，皺紋減少，面色紅潤。

豬蹄分前後兩種，前蹄肉多骨少，呈直形；後蹄肉少骨稍多，呈彎形。

此款湯水具有豐胸美膚、抗皺防衰、延年益壽、健脾消食之功效，特別適宜皮膚過快老化、乳汁不通、消化不良者飲用。

此款湯水具有清熱解毒、潤腸通便、滋潤養顏之功效，適宜腸熱引起的大便不暢、大便秘結、皮膚粗糙者飲用。

蘿蔔乾豬蹄湯

豬蹄650克，蘿蔔乾30克，蜜棗25克，鹽適量。

① 豬蹄斬件，洗淨，飛水。
② 蘿蔔乾提前1小時浸泡，洗淨；蜜棗洗淨。
③ 把適量清水煮沸，放入以上所有材料煮沸後改慢火煲3小時，加鹽調味即可。

烹製前要檢查好所購豬蹄是否有局部潰爛現象，以防口蹄疫傳播給食用者，然後把毛拔淨或刮乾淨，剁碎或剁成大段骨，連肉帶碎骨一同摻配料入鍋。

此款湯水具有清腸潤燥、通便利水、排毒養顏、消食除脹、潤澤肌膚、潤肺止咳之功效，適宜大便不暢、肺燥咳嗽、口乾煩躁者飲用。

黑木耳豬蹄湯

豬蹄500克，黑木耳20克，紅棗20克，鹽適量。

① 豬蹄洗淨，斬件，飛水。
② 黑木耳洗淨，浸泡30分鐘；紅棗去核，洗淨。
③ 將適量清水放入煲內，煮沸後加入以上材料，猛火煲滾後改用慢火煲3小時，加鹽調味即可。

紅棗能健脾養血、健膚美顏，去核煲湯可減少燥性；本湯潤下，濕熱泄瀉者慎用。

此款湯水具有養血潤膚、澤膚潤腸、袪瘀消斑之功效，特別適宜由於血虛血瘀引起的面部色斑、早生皺紋、大便不暢者飲用。

鮮車前草豬肚湯

 豬肚1/2隻（約300克），豬瘦肉300克，鮮車前草100克，薏米50克，赤小豆60克，蜜棗15克，鹽、生粉適量。

① 豬肚翻轉過來，用鹽、生粉反覆搓擦，洗淨；豬瘦肉洗淨，切塊。
② 鮮車前草、薏米、赤小豆洗淨。
③ 把適量清水煮沸，放入以上所有材料煮沸後改慢火煲 3 小時，加鹽調味即可。

 車前草為車前科植物車前或平車前等的全草。車前草多年生草本，生於山野、路旁、花圃或菜園、河邊濕地。車前草能清熱利尿通淋，煲湯時採用鮮品，食療效果會更佳。

 此款湯水具有清熱降火、利尿通淋、瘦身減肥之功效，適宜泌尿系統感染、前列腺炎、膀胱濕熱、尿頻尿急、尿痛尿少者飲用。

韭菜豬紅湯

豬紅 500 克，韭菜 80 克，綠豆芽 100 克，生薑 2 片，鹽適量。

① 韭菜擇洗淨，切成小段；綠豆芽洗淨。
② 豬紅洗淨，切成塊狀。
③ 煮沸後下韭菜、綠豆芽、薑片，煮 10 分鐘後放入豬紅，慢火煮至豬紅熟，加鹽調味即可。

買回豬紅後不要讓凝塊破碎，除去少數黏附着的豬毛及雜質，然後放開水汆一下。

此款湯水具有養血補血、潤腸通便之功效，適宜大腸燥熱引起的大便不暢者飲用。

椰子煲雞湯

光雞 1 隻（約 600 克），椰子 1 隻，鹽適量。

① 光雞洗淨，飛水。
② 椰子去殼，取肉洗淨，切小塊。
③ 將適量清水放入煲內，煮沸後加入以上材料，猛火煲滾後改用慢火煲 2 小時，加鹽調味即可。

越老的椰子煲出來的湯越香；用椰肉煲湯、補益功效更加顯著。

此款湯水補而不燥，口感清甜，具有滋潤肌膚、補血養顏之功效，特別適合皮膚乾燥晦暗、口乾煩躁者飲用。

玉竹紅棗煲雞湯

光雞1隻（約600克），玉竹30克，紅棗20克，生薑2片，鹽適量。

① 光雞洗淨，斬件。
② 玉竹洗淨；紅棗去核，洗淨。
③ 將適量清水放入煲內，煮沸後加入以上材料，猛火煲滾後改用慢火煲2小時，加鹽調味即可。

玉竹有潤肺滋陰、養胃生津之功效，主治燥熱咳嗽、內熱消渴、寒熱鼻塞等症。

此款湯水具有滋陰養顏、養胃生津、潤燥養陽、除煩醒腦之功效，特別適宜內熱消渴、燥熱咳嗽、陰虛外感、頭目昏眩者飲用。

何首烏煲雞湯

光雞1隻（約500克），何首烏30克，茯苓20克，白朮10克，生薑2片，鹽適量。

① 光雞洗淨，切半，飛水。
② 何首烏、茯苓、白朮洗淨。
③ 將適量清水放入煲內，煮沸後加入以上材料，猛火煲滾後改用慢火煲2小時，加鹽調味即可。

何首烏以體重、質堅實、粉足者為佳；何首烏忌用鐵器烹煮，煲湯時最好選擇瓦煲烹製。

此款湯水具有補血養顏、補腎益精、祛風解毒之功效，特別適宜肝腎精血不足、腰膝酸軟、鬚髮早白、脾燥便秘者飲用。

雪蛤蓮子紅棗雞湯

燕窩雞絲湯

 雞肉500克，蓮子60克，雪蛤膏20克，紅棗20克，生薑2片，鹽適量。

 雞胸肉150克，燕窩6克，紅棗10克，鹽適量。

① 雞肉洗淨，切半，飛水備用。
② 雪蛤膏用清水浸漲，挑淨污垢，洗淨；紅棗、蓮子洗淨。
③ 將適量清水放入煲內，煮沸後加入以上材料，猛火煲滾後改用慢火煲2小時，加鹽調味即可。

① 燕窩浸泡，洗淨；紅棗去核，洗淨，切絲。
② 雞胸肉洗淨，切絲。
③ 將以上料放入燉盅內，注入適量清水，隔水燉4小時，加鹽調味即可。

 由於雪蛤膏常帶有腸臟雜質，宜充分浸泡後細心剔除，以去除腥味。

 燕窩含有豐富的蛋白質及多種人體必需的氨基酸，是滋補養顏之極品。

 此款湯水具有養顏潤膚、滋陰養肝、調補內分泌、延緩衰老之功效，特別適宜皮膚色素沉着、心悸衰弱、頭暈疲乏、心情煩躁者飲用。

 此款湯水具有補血養顏、健脾益氣、美白肌膚、抗衰老之功效，特別適宜體虛眩暈、面色無華、煩躁失眠者飲用。

雪蛤烏雞湯

烏雞1隻（約500克），雪蛤膏10克，紅棗20克，生薑2片，鹽適量。

① 烏雞去毛、內臟，洗淨，斬件，飛水。
② 雪蛤膏浸泡5小時，挑去雜質，洗淨；紅棗去核，洗淨。
③ 將以上原料放入燉盅內，注入適量清水，隔水燉4小時，加鹽調味即可。

雪蛤膏即蛤士蟆油，能提高雌激素分泌水平，使肌膚細緻嫩滑，是女士養顏美容的佳品。

此款湯水具有養顏美容、滋陰補血、延緩衰老之功效，特別適宜陰虛血少引起的皮膚乾燥、早生皺紋、面白唇淡、虛煩失眠者飲用。

參鬚雪梨烏雞湯

烏雞1隻（約500克），雪梨250克，參鬚20克，蜜棗20克，鹽適量。

① 烏雞洗淨，斬件。
② 雪梨去核，洗淨切塊；參鬚、蜜棗洗淨。
③ 將適量清水放入煲內，煮沸後加入以上材料，猛火煲滾後改用慢火煲2小時，加鹽調味即可。

人參鬚為五加科植物人參的細支根及鬚根。人參鬚因加工方法不同，有紅直鬚、白直鬚、紅彎鬚、白彎鬚等品種。

此款湯水具有滋補養顏、潤澤肌膚、益氣養陰之功效，特別適宜面色晦暗、皮膚乾燥、氣短乏力、口乾煩渴、失眠多夢者飲用。

霸王花燒鴨頭湯

燒鴨頭1隻，鮮霸王花400克，鹽適量。

① 將鮮霸王花切成4瓣，洗淨待用。

② 煲內注入適量清水，煮沸後放入燒鴨頭，滾30分鐘。

③ 加入霸王花再煲30分鐘，加鹽調味即可。

鮮霸王花含有大量的膠黏物質，具有清熱潤下、潤腸通便之功效。煲湯前，可先將鮮霸王花飛水，這樣可去除過多的膠黏質，使湯不會過於濃膩。

此款湯水具有清腸潤燥、排毒養顏、通便利水、清熱潤肺、理痰止咳之功效，適宜腸燥、熱氣引起的大便不暢者飲用。

銀耳燉乳鴿

乳鴿2隻（約600克），銀耳50克，陳皮1小片，生薑4片，鹽適量。

① 銀耳用清水浸軟，撕成小朵，洗淨；陳皮浸軟，洗淨。

② 乳鴿去毛及內臟，洗滌整理乾淨。

③ 將全部材料放入燉盅內，加入適量清水，蓋上盅蓋，隔水燉4小時，再加入鹽調好口味即可。

銀耳適宜用冷水浸泡，以保證其原汁原味；銀耳浸發後，需將黃色的頭部剪去。

此款湯水具有滋養和血、美容健膚、清潤通便之功效，適合全家飲用，家有老人者更加適合。

清補涼乳鴿湯

銀耳蜜棗乳鴿湯

乳鴿2隻（約600克），瘦肉250克，清補涼1包，鹽適量。

① 乳鴿清洗乾淨，飛水；瘦肉洗淨，飛水。
② 清補涼湯料用清水浸泡，洗淨。
③ 將適量清水放入煲內，煮沸後加入以上材料，猛火煲滾後改用慢火煲3小時，加鹽調味即可。

清補涼湯料，由淮山、枸杞子、沙參、玉竹、芡實等組成，有時把黨參、紅棗等也算在內。

此款湯水具有滋補清潤、美容養顏、養胃健脾之功效，特別適宜腎虛體弱、心神不寧、體力透支者飲用。

乳鴿2隻（約600克），瘦肉250克，銀耳20克，蜜棗15克，鹽適量。

① 乳鴿宰殺，去毛、內臟，洗淨；瘦肉洗淨。
② 銀耳浸發，撕成小朵，洗淨；蜜棗洗淨。
③ 將適量清水放入煲內，煮沸後加入以上材料，猛火煲滾後改用慢火煲2小時，加鹽調味即可。

乳鴿是指孵出不久的小鴿子，滋味鮮美，肉質細嫩，富含粗蛋白質和少量無機鹽等營養成分。

此款湯水具有滋養和血、清潤養顏、潤腸通便之功效，特別適宜腎虛體弱、心神不寧、體力透支者飲用。

芡實煲鴿湯

白鴿2隻（約800克），瘦肉250克，芡實50克，西洋參25克，蜜棗20克，鹽適量。

① 白鴿宰殺，去毛、內臟，洗淨。
② 西洋參洗淨，切片；芡實洗淨，浸泡；蜜棗洗淨。
③ 將適量清水放入煲內，煮沸後加入以上材料，猛火煲滾後改用慢火煲3小時，加鹽調味即可。

烹製芡實要用慢火燉煮至熟爛，細嚼慢咽，方能起到補養身體的作用。

此款湯水具有排毒養顏、清熱降火、利濕健中之功效，特別適宜氣陰兩虛而實火內盛者及肺腎陰虛火旺者飲用。

雪梨鵪鶉湯

鵪鶉2隻（約300克），瘦肉250克，雪梨250克，銀耳20克，蜜棗20克，生薑2片，鹽適量。

① 雪梨去核，洗淨，切厚塊；銀耳浸發，撕成小朵，洗淨；蜜棗洗淨。
② 鵪鶉切塊，清洗乾淨；瘦肉洗淨。
③ 將適量清水放入煲內，煮沸後加入以上材料，猛火煲滾後改用慢火煲2小時，加鹽調味即可。

如果天氣乾燥，煙酒過多，睡眠不足，聲音沙啞，咳嗽痰多，可以用銀耳雪梨鵪鶉湯佐膳做食療。

此款湯水清甜可口，具有潤澤肌膚、清熱潤燥、止咳除痰、生津止渴之功效，特別適宜秋天飲用。

芝麻赤小豆鵪鶉湯

赤小豆花生鵪鶉湯

鵪鶉2隻（約300克），黑芝麻20克，赤小豆50克，桂圓肉30克，蜜棗15克，鹽適量。

① 赤小豆、黑芝麻、桂圓肉洗淨，浸泡；蜜棗洗淨。
② 鵪鶉去毛、內臟，洗淨，飛水。
③ 將適量清水注入煲內煮沸，放入全部材料再次煮開後改慢火煲3小時，加鹽調味即可。

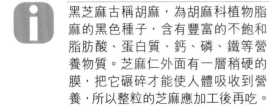
黑芝麻古稱胡麻，為胡麻科植物脂麻的黑色種子，含有豐富的不飽和脂肪酸、蛋白質、鈣、磷、鐵等營養物質。芝麻仁外面有一層稍硬的膜，把它碾碎才能使人體吸收到營養，所以整粒的芝麻應加工後再吃。

此款湯水具有滋養補益、提高免疫力、健腦益智、安神定志、健脾開胃之功效，適宜記憶力減退、心煩不眠、耳鳴眩暈、多夢、心悸怔忡、鬚髮早白者飲用。

鵪鶉2隻（約300克），赤小豆、花生各60克，紅棗20克，蜜棗15克，鹽適量。

① 鵪鶉宰殺，去毛及內臟，洗淨，放入沸水鍋中焯燙一下，撈出瀝乾。
② 赤小豆、花生浸泡30分鐘，洗淨；紅棗、蜜棗洗淨。
③ 鍋中加入適量清水煮沸，放入以上材料，猛火煲滾後改用慢火煲約2小時，然後加入鹽調味，即可出鍋裝碗。

本湯偏於補血，外感發熱、濕熱內盛者少飲為好。

此款湯水具有補血美顏、滋潤肌膚、健脾養血之功效，特別適宜血虛引起的面色無華、肌膚晦暗、眩暈者飲用。

紅棗銀耳鵪鶉湯

鵪鶉3隻（約450克），紅棗20克，銀耳20克，蜜棗15克，鹽適量。

① 鵪鶉去毛、內臟，洗淨。
② 銀耳浸泡，撕成小朵，洗淨；紅棗去核，洗淨；蜜棗洗淨。
③ 將適量清水放入煲內，煮沸後加入以上材料，猛火煲滾後改用慢火煲2小時，加鹽調味即可。

鵪鶉滋養補益，含豐富蛋白質及多種維他命，其營養價值比雞肉還高，且味道鮮美，易於消化吸收。

此款湯水具有養血美顏、潤澤肌膚之功效，特別適宜皮膚乾燥、膚色晦暗、缺乏光澤、口渴心煩、頭暈眼花者飲用。

椰子鵪鶉湯

鵪鶉3隻（約450克），椰子1隻，銀耳20克，蜜棗15克，鹽適量。

① 鵪鶉去毛、內臟，洗淨。
② 椰子去硬殼，取肉，洗淨，切成塊；銀耳浸泡1小時，撕成小朵，洗淨；蜜棗洗淨。
③ 鍋中加入適量清水燒沸，放入以上材料，猛火煲滾後改用慢火煲3小時，然後加入鹽調味，即可出鍋裝碗。

椰子是很好的美顏潤膚產品，椰子汁清甜甘潤，能消暑、生津解渴；椰子肉能健美肌膚，令人面容潤澤。

此款湯水具有益膚美顏、滋陰生津之功效，特別適宜皮膚乾燥、黯淡失澤、口乾煩渴、大便不暢者飲用。

首烏黑米雞蛋湯

雞蛋4隻，何首烏30克，黑棗30克，黑米30克，黃精20克，鹽適量。

① 何首烏、黑棗、黃精浸泡，洗淨。
② 黑米提前半天浸泡，洗淨。
③ 將適量清水與以上材料放入煲內，煲至雞蛋熟透，取出去殼，用慢火約煲1小時，加鹽調味即可。

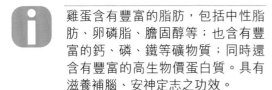
雞蛋含有豐富的脂肪，包括中性脂肪、卵磷脂、膽固醇等；也含有豐富的鈣、磷、鐵等礦物質；同時還含有豐富的高生物價蛋白質。具有滋養補腦、安神定志之功效。

此款湯水具有滋補養顏、健脾養血、寧神定志、益氣養胃之功效，適宜記憶力減退、易於疲勞、血虛引起的頭暈、心悸者飲用。

銀耳鵪鶉蛋湯

鵪鶉蛋10隻，銀耳30克，鹽適量。

① 鵪鶉蛋去殼，攪成蛋液備用。
② 銀耳提前浸泡，洗淨，撕成小朵。
③ 把適量清水煮沸，放入銀耳煮20分鐘，倒入鵪鶉蛋液後熄火，加鹽調味即可。

煲湯時放入鵪鶉蛋液後應立即熄火，甚至可以熄火後再放入蛋液，略加攪拌即可，這樣可避免蛋液因煮沸時間過長而變"老"，影響嫩滑之口感。

此款湯水具有美容養顏、潤澤肌膚、健腦益智、提神醒腦、滋陰潤肺之功效，適宜記憶力下降、煩躁失眠、大便乾結、陰虛肺燥、口乾口渴者飲用。

黑棗鵪鶉蛋湯

木瓜花生魚尾湯

鵪鶉蛋10隻，黑棗50克，桂圓肉30克，蜜棗15克，鹽適量。

鯇魚尾、木瓜各300克，花生100克，生薑4片，鹽適量。

① 黑棗去核，洗淨；桂圓肉、蜜棗洗淨。
② 鵪鶉蛋煮熟，去殼。
③ 將黑棗、桂圓肉、蜜棗、鵪鶉蛋一同放入煲內，加入適量清水，煮沸後慢火煲1小時，加鹽調味即可。

① 熟木瓜去皮、核，洗淨切塊；花生洗淨。
② 鯇魚尾清洗乾淨；燒鍋下花生油、薑片，將鯇魚尾煎至金黃色。
③ 把適量清水煮沸，放入以上所有材料煮沸後改慢火煲1小時，加鹽調味即可。

黑棗又稱南棗，有健脾養血、健腦助記憶之效。在煮黑棗時，如果加入少量燈芯草，就會使棗皮自動脫開，只要用手指一搓，棗皮就會脫落。

在花生的諸多吃法中以燉吃為最佳，這樣既避免了營養素的破壞，又具有不溫不火、口感潮潤、入口好爛、易於消化的特點，老少皆宜。

此款湯水具有益智醒腦、安神定志、健脾養血、強身健腦、豐肌澤膚之功效，適宜記憶力減退、營養欠佳引起的頭暈眼花、氣血不足、心悸多夢者飲用。

此款湯水具有滋補養顏、潤腸通便、消食行滯、醒脾和胃之功效，適宜大便不通、消化不良、肺熱乾咳、乳汁不通、手腳痙攣疼痛者飲用。

番薯葉山斑魚湯

山斑魚1條（約350克），番薯葉200克，生薑2片，鹽適量。

① 番薯葉洗淨。
② 山斑魚清洗乾淨；燒鍋下油、薑片，將山斑魚煎至金黃色。
③ 將適量清水放入煲內，煮沸後加入山斑魚煲30分鐘，加入番薯葉再煲20分鐘，加鹽調味即可。

番薯葉又稱地瓜葉，性平、味甘、微涼；有生津潤燥、健脾寬腸、養血止血、通乳汁、補中益氣、通便等功效；可用於消渴、便血、血崩、乳汁不通。

此款湯水具有解毒抗癌、通便利尿、滋陰散淤之功效，特別適宜癌症手術後大便不暢、小便不利者飲用。

蘋果核桃鯽魚湯

鯽魚1條（約500克），蘋果250克，核桃肉50克，生薑2片，鹽適量。

① 蘋果去皮、核，洗淨，切成塊狀；核桃肉洗淨。
② 鯽魚去鰓、鱗，洗淨；燒鍋下油、生薑，將鯽魚煎至金黃色。
③ 將適量清水放入煲內，煮沸後加入以上材料，猛火煲滾後改用慢火煲2小時，加鹽調味即可。

蘋果中含有大量的鎂、硫、鐵、銅、碘、錳、鋅等微量元素，可使皮膚細膩、潤滑、紅潤有光澤。

此款湯水具有滋潤肌膚、補益肝腎、養心悅顏、健脾益氣之功效，特別適宜肝腎不足引起的膚色晦暗、黑眼圈者飲用。

木瓜鯽魚湯

活鯽魚1條(約500克)，木瓜250克，乾銀耳20克，蜜棗15克，生薑2片，鹽適量。

① 銀耳浸泡，撕成小朵；木瓜洗淨，去皮及瓤，切成小塊；蜜棗洗淨。
② 鯽魚去鱗、鰓、內臟，洗淨，再放入熱油鍋中，加入薑片，將兩面煎至金黃色。
③ 將適量清水放入煲內煮沸後加入以上材料，猛火煲滾後改用慢火煲2小時，加鹽調味即可。

此湯清涼通利，肺虛寒咳、脾虛泄瀉者應適量飲用。

此款湯水具有健膚美顏、排毒通便、潤肺解燥之功效，特別適宜皮膚乾燥、肺燥乾咳、大便不暢者飲用。

沙參玉竹鯽魚湯

鯽魚1條(約500克)，瘦肉250克，沙參30克，玉竹25克，陳皮1小片，生薑2片，鹽適量。

① 瘦肉洗淨，切片，飛水；陳皮浸軟，洗淨；沙參、玉竹洗淨。
② 鯽魚去鰓、鱗、腸雜，洗淨；燒鍋下油、生薑，將鯽魚煎至金黃色。
③ 將適量清水放入煲內，煮沸後加入以上材料，猛火煲滾後改用慢火煲1.5小時，加鹽調味即可。

在魚腹中塞入薑絲，熬成湯後，魚腥味降低很多；鯽魚不宜和大蒜、白糖、冬瓜和雞肉一同食用，吃鯽魚前後忌喝茶。

此款湯水具有滋補養顏、養陰清肺、健脾開胃之功效，特別適宜臉色暗淡、燥傷肺陰、頭昏目眩、體虛者飲用。

蘋果雪梨生魚湯

生魚1條(約500克)，蘋果250克，雪梨250克，蜜棗20克，生薑2片，鹽適量。

① 蘋果去皮、核，洗淨切塊；雪梨去核，洗淨切塊；蜜棗洗淨。
② 生魚去鱗、鰓、內臟，洗淨；燒鍋下油、薑片，將生魚煎至金黃色。
③ 將適量清水放入煲內，煮沸後加入以上材料，猛火煲滾後改用慢火煲2小時，加鹽調味即可。

雪梨用於煲湯的時候，一般不用去皮，因為雪梨果皮的營養很豐富，會使煲出來的湯療效更佳。

此款湯水具有益膚養顏、養陰潤燥、潤澤肌膚之功效，特別適宜秋冬季節皮膚乾燥、肌膚缺水、色斑、黑眼圈者飲用。

木瓜生魚湯

生魚1條(約500克)，木瓜250克，紅棗15克，生薑2片，鹽適量。

① 木瓜去皮、去子，洗淨，切成大塊；紅棗洗淨，去核。
② 生魚去鱗、鰓、內臟，洗淨；燒鍋下油、薑片，將生魚煎至金黃色。
③ 將適量清水放入煲內，煮沸後加入以上材料，猛火煲滾後改用慢火煲2~3小時，加鹽調味即可。

木瓜有宣木瓜和番木瓜兩種，治病多採用宣木瓜，也就是北方木瓜，不宜鮮食；食用木瓜是產於南方的番木瓜，可以生吃，也可作為蔬菜和肉類一起燉煮。

此款湯水補而不燥，具有潤膚養顏、健脾開胃、延年益壽、解渴生津之功效，適宜全家老少初秋時節飲用。

蟲草花玉竹生魚湯

生魚1條(約500克),蟲草花20克,玉竹30克,蜜棗15克,鹽適量。

① 玉竹洗淨,浸泡1小時;蟲草花、蜜棗洗淨。
② 生魚去鱗、鰓、內臟,洗淨;燒鍋下油、薑片,將生魚煎至金黃色。
③ 將適量清水放入煲內,煮沸後加入以上材料,猛火煲滾後改用慢火煲2小時,加鹽調味即可。

生魚味甘、性平,可補氣養胃,且富含核酸,對人體細胞有滋養作用。

此款湯水具有滋陰養顏、生肌美膚、潤肺止咳之功效,特別適宜皮膚乾澀、膚色晦暗、虛咳痰少、口乾煩渴者飲用。

冬瓜生魚湯

生魚1條(約500克),冬瓜600克,赤小豆60克,蜜棗20克,生薑2片,鹽適量。

① 冬瓜連皮洗淨,切成塊狀;赤小豆提前1小時浸泡,洗淨;蜜棗洗淨。
② 生魚清洗乾淨;燒鍋下花生油、薑片,將生魚煎至金黃色。
③ 把適量清水煮沸,放入以上所有材料煮沸後改慢火煲3小時,加鹽調味即可。

冬瓜含維他命C較多,且鉀鹽含量高,鈉鹽含量較低,高血壓、腎臟病、水腫病等患者食之,可達到消腫而不傷正氣的作用。連皮和瓤一起煲湯,利尿效果更佳。

此款湯水具有消暑清熱、利尿通便、解毒排膿之功效,適宜汗多尿少、小便黃短不暢、平素熱氣者飲用。

野葛菜生魚湯

生魚1條(約400克)，豬骨300克，鮮野葛菜400克，蜜棗20克，陳皮1小片，鹽適量。

① 野葛菜原棵洗淨；蜜棗、陳皮浸軟，洗淨。
② 生魚去除內臟，洗淨；豬骨洗淨，斬件。
③ 將適量清水注入煲內煮沸，放入全部材料再次煮開後改慢火煲1.5小時，加鹽調味即可。

魚肉中含蛋白質、脂肪、18種氨基酸等，還含有人體必需的鈣、磷、鐵及多種維他命。

此款湯水具有消除疲勞、強筋健骨、清燥防燥之功效，適宜身體虛弱、低蛋白血症、脾胃氣虛、營養不良、貧血者飲用。

鮮百合田雞湯

田雞500克，鮮百合50克，桂圓肉30克，銀耳20克，生薑2片，鹽適量。

① 田雞去頭、皮、內臟，洗淨，斬件。
② 鮮百合剝成小瓣，洗淨；銀耳浸泡，撕成小朵，洗淨；桂圓肉洗淨。
③ 將適量清水放入煲內，煮沸後加入以上材料，猛火煲滾後改用慢火煲1.5小時，加鹽調味即可。

田雞可供紅燒、炒食，尤以腿肉最為肥嫩。

此款湯水具有美膚養顏、益陰養血、養心安神之功效，特別適宜皮膚乾燥、膚色暗啞、缺乏光澤、色斑明顯、口乾煩渴者飲用。

椰子田雞湯

 田雞 500 克，排骨 250 克，椰子肉 150 克，生薑 2 片，鹽適量。

① 田雞去皮洗淨，斬件，飛水。
② 排骨洗淨，斬件，飛水；椰子肉洗淨，切塊。
③ 將適量清水放入煲內，煮沸後加入以上材料，猛火煲滾後改用慢火煲 2 小時，加鹽調味即可。

 田雞肉中易有寄生蟲卵，一定要加熱至熟透再食用。

 此款湯水具有美容潤膚、潤肺滋陰、止咳祛痰之功效，特別適宜煙酒過多、睡眠不足者飲用。

絲瓜銀芽田雞湯

 田雞 500 克，絲瓜 300 克，綠豆芽 100 克，生薑 3 片，鹽適量。

① 田雞去頭、皮、內臟，洗淨，斬件。
② 絲瓜刨去棱邊，洗淨，切滾刀塊；綠豆芽洗淨。
③ 將適量清水注入煲內煮沸，放入全部材料用中火煮 30 分鐘，加鹽調味即可。

 絲瓜中含防止皮膚老化的維他命 B 雜和增白皮膚的維他命 C 等成分，能消除斑塊，使皮膚潔白、細嫩。女士多吃絲瓜還對調理月經不暢有幫助。

 此款湯水具有美容潤膚、通絡利濕、清熱降火、利水消腫之功效，適宜濕熱困阻、肌肉筋絡引起的周身骨痛、四肢關節疼痛者飲用。

湯譜索引